普通高等教育信息技术类系列教材

Python 程序设计基础

主　编　刘金岭　张海燕

副主编　杨艳华　郭倩倩　张青云

科学出版社

北　京

内 容 简 介

本书介绍了 Python 语言的相关知识点。全书共 10 章，包括 Python 语言概述、Python 基础知识、Python 字符串运算、Python 的程序控制结构、Python 的组合数据类型、函数、Python 的文件操作、Python 面向对象程序设计、Python 数据分析中的常用模块和 Python 数据分析案例。本书内容实用性强，讲解由浅入深、循序渐进，注重培养学生的应用技能。

本书可作为高等学校非计算机专业程序设计语言的教材，也可作为程序设计爱好者的参考书。

图书在版编目（CIP）数据

Python 程序设计基础 / 刘金岭，张海燕主编. —北京：科学出版社，2024.2
（普通高等教育信息技术类系列教材）
ISBN 978-7-03-077198-8

Ⅰ. ①P… Ⅱ. ①刘… ②张… Ⅲ. ①软件工具-程序设计-高等学校-教材 Ⅳ. ①TP311.561

中国国家版本馆 CIP 数据核字（2023）第 241949 号

责任编辑：戴　薇　王国策　吴超莉 / 责任校对：马英菊
责任印制：吕春珉 / 封面设计：东方人华平面设计部

科 学 出 版 社 出版
北京东黄城根北街 16 号
邮政编码：100717
http://www.sciencep.com

三河市骏杰印刷有限公司印刷
科学出版社发行　　各地新华书店经销
*
2024 年 2 月第 一 版　　开本：787×1092　1/16
2025 年 2 月第二次印刷　　印张：15 3/4
字数：372 000
定价：63.00 元
（如有印装质量问题，我社负责调换）
销售部电话 010-62136230　编辑部电话 010-62135763-2038

前　　言

教育、科技、人才是全面建设社会主义现代化国家的基础性、战略性支撑。随着人工智能和大数据等领域理论研究和技术研发的快速发展，Python 作为前沿领域中非常流行的计算机程序设计语言之一，已经被大多数高等学校作为入门语言进行普及。它具有简单易懂的语法、结构清晰的程序风格，使读者能在较短时间内掌握相关知识和程序设计方法。另外，其强大的第三方编程库能实现丰富多样的功能。

本书在编写中坚持科技是第一生产力、人才是第一资源、创新是第一动力的思想理念，从目前全国本科院校在校生的具体情况和企业对岗位技能的要求出发，本着理论必需、够用为度的原则，突出应用能力的培养。针对应用型人才培养要求，遵循"系统性、逻辑性、渐进性、通俗性"原则构建知识单元，强调内容的系统化；注重知识的前后逻辑与关联度；遵循由易到难的思维习惯；突出问题导向和与实际问题关联度较高的程序示例，使枯燥的知识实例化、生动化；坚持用通俗的语言把理论讲简单、讲透彻。全书以算法设计为主线，以培养计算思维和编程能力为核心，以方便自学为立足点进行了精心策划，以清晰的概念、大量的图例、丰富的实践用例、多样的呈现手段，深入浅出地系统介绍了 Python 语言的基本内容和程序设计技术。

本书力求实现三个目标：一是在知识构建上使初学者一看就懂，使具有 Python 基础的读者水平有所提高；二是帮助读者掌握编程的方法与技巧，提高阅读、编写程序的能力，培养良好的编程习惯；三是融入思政要素，力求将传授知识、培养能力和塑造价值相融合，促进读者在知识、能力和素质三方面的协调发展。

本书由刘金岭、张海燕任主编，由杨艳华、郭倩倩、张青云任副主编，具体编写分工如下：第 1、2、9 章由郭倩倩编写，第 3、10 章由张青云编写，第 4、7、8 章由张海燕编写，第 5、6 章由杨艳华编写，全书由刘金岭统稿。本书由范铁生、缪宁、卢钧、钱升华、张囡囡、鲁城华、高升、王红审核。

在本书的编写过程中，闫珊珊在信息传播、资料整理、档案管理等方面做了大量的工作，在此表示诚挚的感谢。

由于编者水平有限，书中疏漏之处在所难免，殷切希望广大读者批评指正。

编　者

2023 年 8 月

目　　录

第1章 Python 语言概述

Python 由荷兰国家与计算机科学研究中心的 Guido von Rossum（吉多·范罗苏姆）于 1990 年初设计。1989 年的圣诞节，Guido 在阿姆斯特丹开发出一个插件来辅助 ABC 语言实现相关功能。实际上他开发出的是一种脚本语言，当他把这个脚本语言开发完成后，发现该语言本身功能很强大，灵活易用，于是他就发布了这门语言。

1.1 Python 语言简介

Python 语言近几年来非常流行，广泛应用在人工智能、深度学习、模式识别、网站建设、数据分析、科学计算等众多领域。

1.1.1 Python 语言的发展历程

Python 语言自诞生以来，版本多次更新迭代。1991 年 2 月，Python 的第一个解释器诞生，Python 代码对外公布，此时版本为 0.9.0；1994 年 1 月，Python 1.0 正式发布；2000 年，Python 2.0 发布，加入了内存回收机制，构成了现在 Python 语言框架的基础；2001 年，Python 2.1 基于 Python 软件基金会协议发布；2008 年 12 月，Python 3 正式发布。Python 3.×不向后兼容 Python 2.×，意味着 Python 3.×可能无法运行 Python 2.×的代码。Python 3.× 是 Python 语言的一次重大升级。在语法层面，Python 3.×系列继承了 Python 2.×系列绝大多数的语法表达，移除了部分混淆的表达方式。截止到 2023 年 10 月，Python 3.×最新版本为 3.12.0。

Python 语言的发展历程如图 1.1 所示。

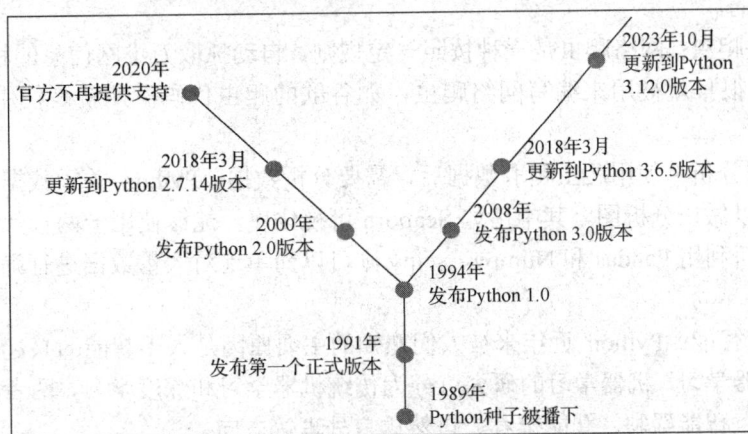

图 1.1 Python 语言的发展历程

1.1.2　Python 语言的特点

Python 语言是功能最丰富的编程语言之一，它具有简洁性、易读性以及可扩展性的特点，适用于任何项目开发，具体优点如下。

1）简单易学。Python 结构清晰，语法简洁。和传统的编程语言相比，Python 对代码格式的要求没有那么严格，如 Python 不要求在每个语句的最后写上分号，定义变量时不需要指明类型，甚至可以给同一个变量赋值不同类型的数据。

2）免费开源。用户可以免费下载安装使用，可以对程序源代码进行修改；使用 Python 开发程序不需要支付任何费用，没有版权问题。Python 的开源体现在两个方面：程序员使用 Python 编写的代码是开源的；Python 解释器和模块是开源的。

3）易于维护。Python 代码定义清晰，容易维护。

4）方便移植。基于 Python 开放源代码的特性，Python 源程序可以移植到 Linux、Windows 和 macOS 等平台上直接运行。

5）易于扩展。Python 的可扩展性体现在它的模块，Python 具有脚本语言中最丰富、强大的库和模块，这些库和模块覆盖了文件操作、图形界面编程、网络编程、数据库访问等绝大部分应用场景。当需要一段关键代码运行速度更快时，就可以使用 C/C++语言实现，然后在 Python 中调用它们。

6）面向对象。Python 有很强的面向对象特性，同时也简化了面向对象的实现，可以消除保护类型、抽象类、接口等面向对象的元素。与其他主要语言（如 C++和 Java）相比，Python 以一种非常强大又简单的方式实现面向对象编程。

1.1.3　Python 语言的应用领域

Python 是通用的程序设计语言，被广泛应用于 Web 开发、网络爬虫、数据分析和人工智能等领域。

1）Web 开发：可以快速开发各种规模的 Web 应用程序，如豆瓣、知乎等均是通过 Python 开发的。

2）网络爬虫：网络爬虫是一种按照一定规则，自动抓取万维网信息的程序或脚本。Python 语言很早就被用来编写网络爬虫，如谷歌的爬虫代码早期就是使用 Python 编写的。

3）数据分析：使用爬虫爬取数据后，需要分析数据。Python 关于数据分析的库非常丰富，可以做出分析图，其中诸如 Seaborn 可视化库，能够使用一两行代码就对数据进行绘图，而利用 Pandas 和 Numpy、scipy 则可以简单地对大量数据进行筛选、回归等计算。

4）人工智能：Python 近年来被人们熟知的主要原因是人工智能的兴起。人工智能的核心是机器学习，机器学习的研究可分为传统机器学习和深度学习，两者被广泛应用于图像识别、智能驾驶、智能推荐、自然语言处理等方向。

1.2　Python 开发环境的安装与配置

在利用 Python 语言进行开发前，首先要安装 Python 语言程序包并进行开发环境配置。

1.2.1　Python 语言版本及下载

Python 分为两大版本，一个是 Python 2.×版本，另一个是 Python 3.×版本，2020 年 1 月 1 日，Python 官方终止了对 Python 2.7 版本的支持，这意味着开发者不会再接收到任何来自 Python 2.7 的错误修复或安全更新。自此 Python 2 完全退出历史舞台，Python 3 时代正式来临。

Python 3.×和 Python 2.×相比，在语句输出、编码、运算和异常等方面做出了调整。

1. 下载 Python 安装程序

登录 Python 官网，然后根据计算机适配系统直接下载 Python 的程序包即可，下载界面如图 1.2 所示。本书主要使用 Python 3.6.5 版本。

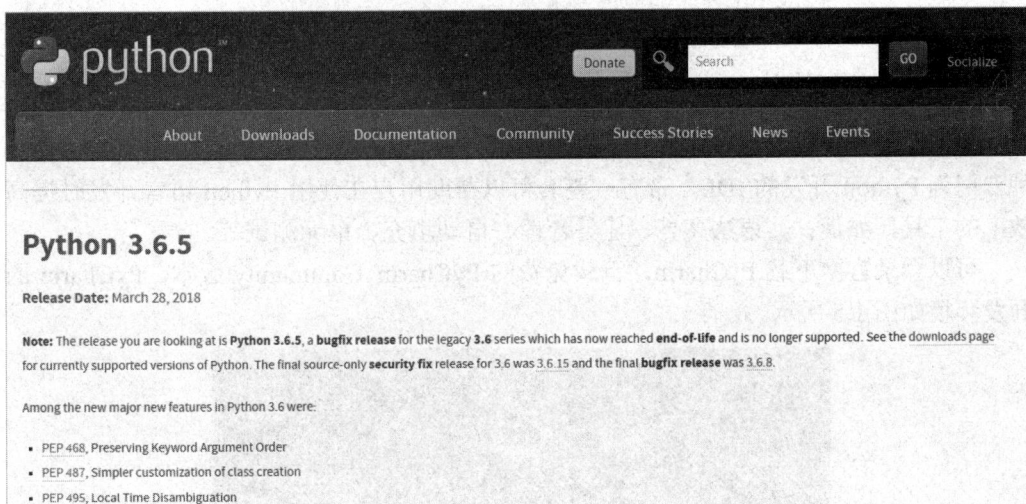

图 1.2　下载界面

2. 设置环境变量

在计算机属性的高级系统设置中，双击系统变量窗口中的"**Path**"选项，添加 Python 的安装路径。

安装完成后，打开 Windows 的命令行程序终端界面，在窗口中输入命令"python"，按 Enter 键，如果出现 Python 的版本信息，并看到">>>"提示符，则说明安装成功。该环境是命令行环境，适合简单的测试语句的运行，如图 1.3 所示。

图 1.3　Python 解释器

1.2.2　Python 语言的集成开发环境

Python 自带一个集成开发环境（integrated development environment，IDE），名称为 IDLE。安装 Python 后，在"开始"菜单中选择"所有程序"→"Python 3.6"→"IDLE（Python 3.6.5 64-bit）"命令，可以启动 IDLE。启动后的窗口如图 1.4 所示。IDLE 的功能十分有限，不适合开发 Python 工程项目。

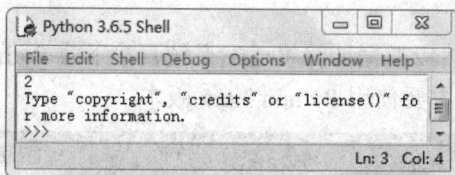

图 1.4　IDLE 界面

目前比较流行的 Python 的集成开发环境为 PyCharm。它的风格类似 Eclipse，是一种专门为 Python 开发的 IDE，带有一整套可以帮助用户在使用 Python 语言开发时提高效率的工具，如调试、语法高亮、任务管理、自动填充、单元测试等。

可以登录官网下载 PyCharm，下载免费的 PyCharm Community 版本。PyCharm 的开发环境如图 1.5 所示。

图 1.5　PyCharm 的开发环境

1.3　Python 编程概述

学习运用 Python 语言编写程序解决实际问题，首先需要掌握 Python 语言的语法特点，如注释规则、代码缩进、编程规范等。

1.3.1　创建第一个程序

例 1.1　屏幕输出显示字符串"Hello world!"。

```
>>> print('Hello world!')    #print()将'Hello world!'输出到显示器
Hello world!
```

例 1.2　"业精于勤，荒于嬉"，每天进步 1%，一年后会有什么样的结果呢？

```
>>> print('每天进步一点点，一年后会进步：')
每天进步一点点，一年后会进步：
>>> print((1+0.01)*365)    #先计算(1+0.01)*365 的值，再由 print()输出
368.65
```

1.3.2　Python 的注释

注释是程序员在程序中用中文或英文加入的解释说明性信息，用于对程序代码进行解释和说明，但程序不执行，以此来提高代码的可读性。

Python 程序的注释符号有多种类型。"#"号作为单行注释符号，在代码中使用"#"号时，其右侧的任何数据都会被当作注释语句。例如：

```
print("Hello, world!")    #输出字符串"Hello, world!"
```

多行注释也可以用 3 对单引号或 3 对双引号包含。例如：

```
'''
多行注释，3 对单引号
多行注释，3 对单引号
'''
```

或者

```
"""
多行注释，3 对双引号
多行注释，3 对双引号
"""
```

1.3.3　Python 的缩进

与其他程序设计语言（如 Java、C 语言）采用大括号"{}"分隔语句块不同，Python

采用代码缩进和冒号":"来区分语句块之间的层次。

在 Python 中,对于类定义、函数定义、流程控制语句、异常处理语句等,行尾的冒号和下一行的缩进,表示下一个代码块的开始,而缩进的结束则表示此代码块的结束。

例如,国际上使用 BMI(body mass index,体重指数)来判断人的身高体重比重,代码如下:

```
if bmi<18.5:
    print('BMI 值为: ',bmi)  #输出 BMI 值
    print('体重过轻')
```

程序中的第 2 行和第 3 行为一个语句块(缩进相同),表示在 bmi<18.5 的条件下执行。

1.3.4　Python 语句的书写格式

为了增强 Python 语言的可读性,正确的语句书写格式就显得十分重要。

1. 行和缩进对齐

Python 语句在书写时,一般情况下,一行一条语句,从第一列开始,前面不能有任何空格,否则会产生语法错误。每行语句以回车符结束。可以在同一行中使用多条语句,语句之间用分号";"分隔。例如:

```
>>> a=0; b=0; c=0      #变量a、b 和 c 均指向 int 对象 0
>>> s='abc';print(s)  #变量 s 指向值为"abc"的 str 型实例对象,并输出 abc
```

Python 通过缩进对齐反映语句的逻辑关系,从而区分不同的语句块。缩进可以由任意的空格或制表符组成,缩进长度不受限制,一般为 4 个空格或一个制表符。复合语句构造体必须缩进。一个语句块需要保持一致的缩进量,这是 Python 与其他语言最大的区别。

2. 多行语句

反斜杠"\"用于一个代码跨越多行的情况。如果语句太长(一行放不下),则可以使用反斜杠"\"。例如:

```
>>> print('党的二十大报告中指出:新时代的伟大成就是党和人民一道拼出来、\
干出来、奋斗出来的!')
```

1.4　实　　验

实验 1.1　a=12,b=24,计算 a 与 b 的和与乘积。

```
>>> a=12
>>> b=24
```

```
>>> print('a 与 b 的和为：',a+b)
a 与 b 的和为： 36
>>> print('a 与 b 的乘积为：',a*b)
a 与 b 的乘积为： 288
```

实验 1.2　求半径 r=3.5 的圆的面积。

```
>>> r=3.5
>>> s=3.14*r*r
>>> print('s=',s)
s=38.465
```

习 题

一、选择题

1. 下列符号中，表示 Python 中单行注释的是（　　）。

　　A．#　　　　　　　B．//　　　　　　　C．<!-- -->　　　　　　D．"""

2. 下列关于 Python 注释代码的叙述中，不正确的是（　　）。

　　A．#Python 注释代码

　　B．#Python 注释代码 1#Python 注释代码 2

　　C．"""Python 文档注释"""

　　D．//Python 注释代码

3. Python 语言语句块的标记是（　　）。

　　A．分号　　　　　　B．逗号　　　　　　C．缩进　　　　　　D．/

4. 关于 Python 语言的注释，下列描述错误的是（　　）。

　　A．Python 语言有两种注释方式：单行注释和多行注释

　　B．Python 语言的单行注释以#开头

　　C．Python 语言的单行注释以单引号'开头

　　D．Python 语言的多行注释以'''（3 个单引号）开头和结尾

5. Python 支持多行语句，下列对于多行语句描述错误的是（　　）。

　　A．一行可以书写多条语句

　　B．一条语句可以分多行书写

　　C．一行多语句可以用分号隔开

　　D．一条语句多行书写时直接按 Enter 键即可

6. 在一行上写多条 Python 语句使用的符号是（　　）。

　　A．分号　　　　　　B．冒号　　　　　　C．逗号　　　　　　D．点号

二、填空题

1. Python 是一种面向_____的高级语言。

2. Python 单行注释以符号_____开始，到行尾结束。

3．在 Python 中，如果语句太长，则可以使用＿＿＿＿＿作为续行符。

4．在 Python 中，一行书写两条语句时，语句之间可以使用＿＿＿＿＿作为分隔符。

三、编程题

1．编写程序，输出教材相关信息（包括书名、出版社、作者等信息）。

2．使用 PyCharm 集成开发环境编写一个输出如下内容的程序。

```
=============================
姓名：张三
QQ：123456789
手机号：18302135177
公司地址：北京市朝阳区
=============================
```

第 2 章　Python 基础知识

计算机程序设计的目的是存储和处理数据，将数据分为合理的类型既可以方便数据的处理，又可以提高数据的处理速率，节省存储空间。用计算机语言编写的程序称为源程序。本章主要介绍变量及其基本数据类型、常用标准库函数、Python 的运算符和表达式。

2.1　变量及其基本数据类型

任何编程语言都需要处理数据，如对数字、字符串、字符等数据，我们可以直接使用，也可以将其保存到变量中，方便以后使用。

2.1.1　常量和变量

1. 常量

常量（constant）是指在程序运行过程中，值不会发生变化的量，如 PI 为 3.1415926。

2. 变量

变量（variable）是指在程序运行过程中，值可以发生变化的量。变量的名称被称为标识符，通过变量的标识符就能找到变量中的数据。

（1）赋值

在编程语言中，将数据放入变量的过程称为赋值。Python 使用等号 "=" 作为赋值运算符，格式如下：

```
name=<value>
```

name 表示变量标识符，value 表示值，即要存储的数据。定义变量标识符需要遵循标识符的命名规则。

例如，将整数 10 赋给变量 n，可表示为 n=10，在后面的程序中，n 代表整数 10。

变量的值不是一成不变的，可以随时被修改，只要重新赋值即可。变量的值一旦被修改，之前的值就会被覆盖，即变量只能容纳一个值。

（2）变量的使用

在 Python 中使用变量时，只要写出变量名即可。

Python 语言中的变量有以下两个特点。

1）变量无须声明就可以直接赋值，对一个变量赋值就相当于定义了一个新变量。

2）变量的数据类型可以随时改变，如同一个变量可以一会儿被赋值为整数，一会儿被赋值为字符串。

2.1.2 基本数据类型

计算机能处理数值、文本、图形、音频、视频、网页等各种类型的数据。不同的数据，需要定义不同的数据类型。数据类型是指根据数据描述信息的含义，将数据分为不同的种类。例如，人的年龄为 20，用整数来表示；学生的某科成绩为 85.5，用浮点数来表示；人的姓名（如"张三"），用字符串来表示等。

Python 3 中标准的数据类型包括 Number（数值型）、Bool（布尔型）、String（字符串）、List（列表）、Tuple（元组）、Sets（集合）、Dictionary（字典）。其中，数值型、布尔型、字符串为基本数据类型，列表、元组、集合和字典为组合数据类型。

1. 数值型

Python 数值有 3 种类型：整数、浮点数和复数。

1）整数（int）：用于表示整数，包括十进制的 0、正整数和负整数，以及其他进制的整数，如 0、1000、-2、0b011（二进制）、0o17（八进制）、0xff（十六进制）。常用进制如表 2.1 所示。

表 2.1　常用进制

进制种类	引导符号	数码组成与示例
十进制	无	由字符 0～9 组成，逢十进一，如 78、150
二进制	0b 或 0B	由字符 0 和 1 组成，逢二进一，如 0b11、0B0101
八进制	0o 或 0O	由字符 0～7 组成，逢八进一，如 0o117、0O77
十六进制	0x 或 0X	由字符 0～9 及 a、b、c、d、e、f 或 A、B、C、D、E、F 组成，逢十六进一，如 0xFF、0XAF

例 2.1　不同进制整数在 Python 中的使用。

```
>>> hex1=0x45    #十六进制
>>> print("hex1Value: ", hex1)
hex1Value:  69
>>> hex2=0X4Af
>>> print("hex2Value: ", hex2)
hex2Value:  1199
>>> bin=0b101    #二进制
>>> print('binValue: ', bin1)
binValue:  5
>>> oct=0o26     #八进制
>>> print('octValue: ', oct1)
octValue:  22
```

2）浮点数（float）：用于表示实数，其有两种表示形式，即小数和科学记数法。例如，1.21、−0.134 为小数表示形式；1.23E4 是一种科学记数法，其中，E 表示 10 的幂，1.23E4 表示 1.23×10^4。

例 2.2　小数在 Python 中的使用。

```
>>> f1=12.5
>>> print('f1Value: ', f1)
f1Value:  12.5
>>> f2=0.34557808421257003
>>> print('f2Value: ', f2)
f2Value:  0.34557808421257
>>> f3=0.0000000000000000000000000000847
>>> print('f3Value: ', f3)
f3Value:  8.47e-26
>>> f4=34567974513245678732452345.45006
>>> print('f4Value: ', f4)
f4Value:  3.456797451324568e+26
>>> f5=1.2e4
>>> print('f5Value: ', f5)
f5Value:  12000.0
```

3）复数（complex）用于表示复数。复数由实数部分和虚数部分组成，可以用 a+bj 或者 complex(a,b)表示，复数的实部 a 和虚部 b 都是浮点数。可以使用 real 和 imag 分别获取复数的实部和虚部，使用 abs(a+bj)获取复数的模。例如：

```
print((1+2j).real)        #输出为实部1.0
print((1.5-0.2j).imag)    #输出为虚部-0.2
print(abs(3+4j))          #输出复数的模5.0
```

2．布尔型

布尔型用于表示布尔逻辑值 True 或 False(首字母大写)，用来表示真（对）或假（错）。例如，1>2 比较算式，结果为 False；2>1 比较算式，结果为 True。

布尔类型可以当作整数来对待，即 True 相当于整数值 1，False 相当于整数值 0。因此，可以进行以下运算：

```
>>> False+1
1
>>> True+1
2
```

3．字符串

字符串是用单引号或双引号包围起来的若干字符的集合，如"123789"、'123abc'、"http://python.com"、"你好，中国！"都是合法的字符串。

2.1.3 数据类型的转换

表达式计算时,若操作数的数据类型不一致,则需要转换为同一种数据类型。Python 数据类型相互转换分隐式类型转换和显式类型转换。Python 可以通过 type()函数来查看数据类型。

1. 隐式类型转换

隐式类型转换又称为自动类型转换,指有两个操作数的运算符类型不同时,其中一个数据类型向另一个数据类型转换,再进行运算。例如:

```
>>>10/4*4
10.0
>>>type(10/4*4)
<class ' float'>
>>>10//4*4
8
>>>type(10//4*4)
<class 'int'>
```

在上述 Python 程序中,将进行除法运算的操作数自动转换为浮点型 10.0/4.0,再进行运算,得到 2.5,再用 2.5 乘以 4,得到 10.0。

2. 显式类型转换

当隐式类型转换无法满足需求时,可以使用显式类型转换(也称为数据类型的强制类型转换),通过 Python 的内置函数来实现类型转换。常用的数据类型转换函数如表 2.2 所示。

表 2.2 常用的数据类型转换函数

函数	作用
int(x)	将 x 转换成整数类型
float(x)	将 x 转换成浮点数类型
complex(real,[,imag])	创建一个复数
str(x)	将 x 转换为字符串
char(x)	将整数 x 转换为一个字符
ord(x)	将一个字符 x 转换为它对应的整数值
hex(x)	将一个整数 x 转换为一个十六进制字符串
oct(x)	将一个整数 x 转换为一个八进制的字符串

在使用数据类型转换函数时,提供给它的数据必须是有意义的。例如,int()函数无法将一个非数字字符串转换成整数。

2.1.4　标识符和关键字

1.　标识符

标识符是允许作为变量（函数、类等）名称的有效字符串，其命名需要遵循以下规则。

1）标识符由字母、数字和下划线组成。

2）第一个字符必须是字母或下划线"_"，不能以数字开头。

一般地，标识符不能和关键字同名，而且区分大小写，如 username 和 userName 是两个变量，UserID、name、mode23、user_age 均是合法标识符，而 4word、try、$money 不能作为 Python 的标识符。

2.　关键字

关键字是预先规定的具有特定意义的字符串，通常也称为保留字。Python 目前拥有 35 个关键字，常用关键字及其含义如表 2.3 所示。

表 2.3　常用关键字及其含义

关键字	含义
from	用于导入模块，与 import 结合使用
import	用于导入模块，可以和 from 结合使用
in	判断对象是否在序列中
is	判断对象是否为某个类的实例
if	条件语句，可以和 else、elif 组合使用，语句以冒号结束，子语句必须缩进
elif	条件语句，可以和 if、else 组合使用，语句以冒号结束，子语句必须缩进
else	条件语句，与 if、elif 组合使用，也可用于异常和循环语句，语句以冒号结束，子语句必须缩进
for	迭代循环语句，语句以冒号结束，子语句必须缩进
while	条件循环语句，语句以冒号结束，子语句必须缩进
continue	跳过本次循环剩余语句的执行，继续执行下一次循环
break	中断当前层循环语句的执行
pass	空的类、方法或函数的占位符
and	用于表达式运算，逻辑与操作
or	用于表达式运算，逻辑或操作
not	用于表达式运算，逻辑非操作
False	布尔类型，表示假，与 True 相反
True	布尔类型，表示真，与 False 相反
None	表示空，数据类型为 NoneType
class	用于定义类
def	用于定义函数或方法，语句以冒号结束，子语句必须缩进
return	用于从函数返回计算结果
lambda	定义匿名函数

续表

关键字	含义
try	包含可能会出现异常的语句，与 except、finally 结合使用
except	包含捕获异常后的操作代码块，与 try、finally 结合使用
with	上下文管理器，可用于优化 try、except、finally 语句
as	用于类型转换
raise	用于异常抛出操作
del	用于删除对象或删除变量、序列的值
global	用于定义全局变量

2.2　常用标准库函数

Python 中的标准库函数是由 Python 系统提供的，用户不必定义，只需在程序最前面导入该函数原型所在的模块，就可以在程序中直接调用。

2.2.1　常用内置函数

内置函数是 Python 标准库中的公共函数，属于 Python 解释器提供的常用功能。一旦 Python 解释器启动，内置函数就生效了，这些内置函数可以直接使用。例如，前面例子中用到的输出数据函数 print() 就是 Python 的内置函数。更多常用内置函数如表 2.4 所示。

表 2.4　常用内置函数

内置函数	功能	示例
print()	输出函数	print("我爱中国")，输出"我爱中国"字符串
abs()	求绝对值	abs(-2)，求-2 的绝对值
pow()	幂函数	pow(2,3)，求 2 的 3 次幂
complex()	创建一个复数	complex(2,3)，创建复数对象 2+3j
bool()	将参数转换成逻辑型数据	bool(0)，0 转换为逻辑型数据 False
chr()	返回对应 ASCII 值的字符	chr(65)，返回 ASCII 值为 65 的字符
bin()	将十进制数转换成二进制数	bin(10)，十进制 10 转换为二进制
float()	将参数转换为浮点数	float(10)，10 转换为小数 10.0
id()	返回对象的内存地址	a=10；id(a)，返回对象 a 的内存地址
int()	将参数转换成整数	int(8.5)，返回整数 8
max()	求最大值	max([1,2,3])，返回列表最大元素 3
hex()	返回参数的十六进制	hex(26)，返回十六进制数 1A
str()	构造字符串类型的数据	str(60)，返回字符串"60"
oct()	将参数转换成八进制	oct(10)，返回 10 的八进制 12
ord()	求参数字符的 ASCII 值	ord('a')，返回字符 a 的 ASCII 值 97
sum()	求和函数	sum([1,2,3])，返回元素 1、2、3 的和 6

续表

内置函数	功能	示例
list()	构造列表数据	list("hello")，构造列表[h,e,l,l,o]
input()	获取用户输入的内容	input("请输入")
range()	根据需要生成一个指定的范围	range(10)，返回列表[0,1,2,3,4,5,6,7,8,9]
len()	返回对象长度	len("Python")，返回长度值 6
round()	对参数进行四舍五入	round(8.6)，返回 9
min()	返回给定元素中的最小值	min([1,2,3])，返回列表最小元素 1
type()	显示对象所属的类型	type(10)，返回 int
set()	创建一个集合类型的数据	set('Python')，创建集合 {'P','y','t','h','o','n'}
tuple()	构造元组类型的数据	tuple('Python')，创建元组('P','y','t','h','o','n')
eval()	执行字符串类型的代码，并返回最终结果	eval('10')，返回整数 10

不同 Python 版本的内置函数略有差别，内置函数按照功能可划分为 12 类，包括数据类型内置函数、进制转换内置函数、数学运算内置函数等。

1. 数据类型内置函数

bool()：布尔型（True 或 False）。

int()：整型（整数）。

float()：浮点型（小数）。

complex()：复数。

2. 进制转换内置函数

bin()：将指定参数转换为二进制。

oct()：将指定参数转换为八进制。

hex()：将指定参数转换为十六进制。

例如：

```
print(bin(10))  #二进制：0b1010
print(hex(10))  #十六进制：0xa
print(oct(10))  #八进制：0o12
```

3. 数学运算内置函数

abs()：返回绝对值。

divmod()：返回商和余数。

round()：四舍五入。

pow(a,b)：求 a 的 b 次幂。

例如：

```
print(abs(-2))      #绝对值：2
print(divmod(20,3)) #求20除以3的商和余数：(6,2)
print(round(4.50))  #4
```

```
print(round(4.51))            #5
print(pow(10,2))              #100
print(sum([1,2,3,4,5,6,7,8,9,10]))#求和：55
print(min(5,3,9,12,7,2))      #求最小值：2
print(max(7,3,15,9,4,13))     #求最大值：15
```

内置函数提高了程序开发的效率。需要注意的是，不建议使用以上内置函数的名称作为标识符（作为某个变量、函数、类、模板或其他对象的名称），虽然这样做 Python 解释器不会报错，但会导致同名的内置函数被覆盖，从而无法使用。

2.2.2 常用标准库

Python 标准库是一组模块，模块是由函数或类构成的程序文件，文件名为模块名加.py 扩展名。一般来说，编写程序的过程就是编写模块的过程。

Python 安装后就可以使用标准库函数，在程序中通过 import 语句引入。引入标准库函数的常用格式如下：

1. import 语句导入

```
import <module_1>[,<module_2>[,…,<module_n>]
```

在本书的相关表述中，我们约定尖括号 "< >" 括起来的部分为必选项，方括号 "[]" 括起来的部分为可选项。

2. from-import 语句导入

```
from <module_name>import <name_1>[,<name_2>[,…,<name_n>]]
from <module_name>import *
```

Python 标准库 math 提供了许多常用的数学函数，包括三角函数、对数函数和其他通用的数学函数。math 模块包含 math.pi 和 math.e 两个常量，分别对应于圆周率和自然常数 e。Python 的 random 标准库包含多种生成随机数的函数。标准库中常用的常量和函数如表 2.5 所示。

表 2.5　标准库中常用的常量和函数

名称	说明	示例	结果
math.e	数学常量	e	2.718281828459045
math.pi	数学常量	pi	3.141592653589793
math.sqrt(x)	返回 x 的绝对值	sqrt(4)	2
math.exp(x)	返回 e**x	exp(5)	148.4131591025766
math.log(x)	返回 lnx	log(e)	1.0
math.sin(x)	返回 x 的正弦	sin(pi/2)	1.0
math.cos(x)	返回 x 的余弦	cos(2*pi)	1.0
random.random()	返回[0,1)数据区间的浮点数	random()	0.5
random.randrange(x,y)	返回[x,y)数据区间的随机整数，x 和 y 均为整数	randrange(1,100)	55

2.3　运算符和表达式

大多数的 Python 程序涉及运算符和表达式。运算符是一个符号，它告诉编译器执行特定的数学或逻辑操作。表达式是由运算符、操作数和数字分组符（括号）等以能求得数值的有意义排列方法所得的组合。

Python 3 支持数值运算、比较（关系）运算、成员运算、布尔运算等。

2.3.1　数值运算符

数值运算符用来对数字进行数学运算，如表 2.6 所示。

表 2.6　数值运算符

运算符	功能	示例（a=5，b=2）
+	加：两个操作数相加	print(a+b)，结果为 7
−	减：两个操作数相减	print(a−b)，结果为 3
*	乘：两个操作数相乘	print(a*b)，结果为 10
/	除：两个操作数相除	print(a/b)，结果为 2.5
//	整除：两个操作数相除，返回商的整数部分	print(a//b)，结果为 2
%	取模：两个操作数相除，返回余数部分	print(a%b)，结果为 1
**	幂：x**y，返回 x 的 y 次幂	print(a**b)，结果为 25

例 2.3　Python 运算示例。

```
>>> print('23%5=', 23%5)
23%5=3
>>> print('23//5=', 23//5)
23//5=4
```

需要注意的是，除数始终不能为 0，除以 0 是没有意义的，这将导致 ZeroDivisionError（除零错误）。

2.3.2　赋值运算符

赋值运算符用来把右侧表达式的值传递给左侧的变量（或常量）。Python 中最基本的赋值运算符是等号"="；结合其他运算符，"="还能扩展出更强大的赋值运算符。

1. 基本赋值运算符

"="是 Python 中最常见、最基本的赋值运算符，如 $n_1 = 100$、$f_1 = 47.5$、$sum2 = n_1 \% 6$、$s_3 = str(100) + "abc"$。也可以多变量同时赋值，如 a,b,c=12,−45,67。

例 2.4　交换两个变量的值。

```
>>> a=12;b=-5
```

```
>>> a,b=b,a
>>> print(a,b)
-5 12
```

2. 连续赋值

Python 中如果将赋值表达式的值再赋值给另外一个变量，这就构成了连续赋值。例如，a = b = c = 100，"="具有右结合性。

3. 扩展后的赋值运算符

"="可与其他运算符（包括算术运算符、位运算符和逻辑运算符）相结合，扩展成功能更强大的赋值运算符，如表 2.7 所示。

表 2.7   Python 常用的扩展赋值运算符

运算符	含义	用法举例	等价形式
=	基本赋值运算符	x=y	x=y
+=	加赋值	x+=y	x=x+y
-=	减赋值	x-=y	x=x-y
*=	乘赋值	x*=y	x=x*y
/=	除赋值	x/=y	x=x/y
%=	取余数赋值	x%=y	x=x%y
**=	幂赋值	x**=y	x=x**y
//=	取整数赋值	x//=y	x=x//y

例 2.5   Python 的赋值运算示例。

```
>>> n1=100
>>> n1-=80
>>> print(n1)
20
>>> f1=25.5
>>> f1*=n1-10
>>> print('f1=', f1)
f1=255.0
```

---- **注意** ----

扩展赋值运算符只能针对已经存在的变量赋值，这是因为赋值过程中需要变量本身参与运算，如果变量没有提前定义，它的值就是未知的，无法参与运算。

2.3.3   比较运算符

比较运算符也称关系运算符，用于对常量、变量或表达式的结果进行大小比较，并确定它们之间的关系，结果是一个逻辑值：True 或 False。比较运算符如表 2.8 所示。

表 2.8　比较运算符

运算符	功能	示例（a=5, b=2）
==	等于：比较 a、b 两个对象是否相等，若相等则返回 True，否则返回 False	a==b，返回 False
!=	不等于：比较 a、b 两个对象是否不相等，若相等则返回 False，否则返回 True	a!=b，返回 True
>	大于：返回 a 是否大于 b，若大于则返回 True，否则返回 False	a>b，返回 True
<	小于：返回 a 是否小于 b，若小于则返回 True，否则返回 False	a<b，返回 False
>=	大于等于：返回 a 是否大于或等于 b，若成立则返回 True，否则返回 False	a>=b，返回 True
<=	大于等于：返回 a 是否小于或等于 b，若成立则返回 True，否则返回 False	a<=b，返回 False
is	判断两个标识符是否引用自同一个对象，若是则返回 True，否则返回 False	a is b，返回 False
is not	判断两个标识符是否引用自不同对象，若是则返回 True，否则返回 False	a is not b，返回 True

比较运算符可以连续使用，如 x<y<=z，即同时满足 x<y 和 y<=z 两个条件。

例 2.6　Python 的比较运算示例。

```
>>> print('89>100 的结果为：', 89>100)
89>100 的结果为： False
>>> print('24*5>=76 的结果为：', 24*5>=76)
24*5>=76 的结果为： True
>>> print('False<True 的结果为：', False<True)
False<True 的结果为： True
```

"=="用来比较两个变量的值是否相等，而 is 则用来比对两个变量引用的是否是同一个对象。例如：

```
>>> str_1='123'
>>> num_1=123
>>> print(str_1==num_1)
False
>>> print(str_1 is num_1)
False
```

2.3.4　逻辑运算符

逻辑运算符包括 and（与）、or（或）、not（非）运算符，如表 2.9 所示。

表 2.9　逻辑运算符

运算符	表达式	功能	示例
or	a or b	先对表达式 a 求值，如果值为 True，则返回 a 的值，否则对表达式 b 求值并返回其结果值	True or False，返回 True
and	a and b	先对表达式 a 求值，如果值为 False，则返回 a 的值，否则对表达式 b 求值并返回其结果值	True and False，返回 False
not	not a	表达式 a 值为 False 时返回 True,否则返回 False	not True，返回 False not False，返回 True

例 2.7　Python 的逻辑运算示例。

```
>>> a=1;b=2;c=3
>>> print(a<b and b>c)
False
>>> print(a>b or b<c)
True
>>> print(not c>b)  #该表达式的计算顺序为not(c>b)
False
```

2.3.5　运算符的优先级和表达式

在一个表达式中通常包含多个不同运算符并连接多个不同类型的数据对象，不同的运算顺序会得出不同的运算结果，因此各运算符必须按一定的优先级进行结合。

1. 运算符的优先级

运算符优先级是指运算符优先计算的顺序。在数学运算符构成的表达式中，遵循"先乘除后加减"的规则。运算符的优先级如表 2.10 所示。

表 2.10　运算符的优先级

运算符	描述	优先级
()、[]、{}	括号表达式	
**	幂	
+x、-x	取正、取负	
*、/、//、%	乘、除、整除、取模	
+、-	加、减	
<、<=、>、>=、!=、==	比较运算符	高
is、is not	同一性测试运算符	
in、not in	成员运算符	
not x	逻辑非	↓
and	逻辑与	低
or	逻辑或	
=、+=、-=、*=、/=、**=、<<=、>>=、&=、^=、|=	赋值系列	

例如，3==5 or 4>2，结果为 True。由于==和>符号的优先级高于 or，因此先计算 3==5 和 4>2，结果分别为 False 和 True，最后进行 False or True 运算，则最终运算结果为 True。

2. 表达式

表达式中的操作数可以是值、变量、标识符等。单独的一个值或一个变量也可以是一个表达式。表达式是 Python 程序中最常见的代码。

例2.8　求 Python 表达式的值。

1）a=3、b=5、c=6、d=True，求 not d or a>=0 and a+c>b+3 的值。

```
>>> a=3;b=5;c=6;d=True
>>> print(not d or a>=0 and a+c>b+3)
True
```

2）求 16-2*5>7*8/2 or'XYZ'!='xyz' and not(10-6>18/2)的值。

```
>>> print(16-2*5>7*8/2 or 'XYZ'!='xyz' and not(10-6>18/2))
True
```

3）假设三角形的三条边长分别为 a、b 和 c，且 p=(a+b+c)/2，则三角形的面积 $s = \sqrt{p*(p-a)*(p-b)*(p-c)}$。

用 Python 表达式可表示为 s=math.sqrt(p*(p-a)*(p-b)*(p-c))。

2.4　实　　验

实验 2.1　各进制之间的转换，如二进制、八进制、十进制、十六进制之间的转换。

```
#二进制转换为十进制
>>> print('二进制1111011转换为十进制',int('1111011',2))
```

运行程序并分析程序的运行结果。

```
#十进制转换为二进制
>>> print('十进制18转换为二进制',bin(18))
>>> print('十进制18转换为二进制',{0:b}.format(18))
```

运行程序并分析程序的运行结果。

```
#八进制转换为十进制
>>> print('八进制011转换为十进制',int('011',8))
>>> print('八进制011转换为十进制',eval('0o011'))
```

运行程序并分析程序的运行结果。

```
#十进制转换为八进制
>>> print('十进制30转换为二进制',oct(30))
```

```
>>> print('十进制 30 转换为二进制',{0:o}.format(30))
```

运行程序并分析程序的运行结果。

```
#十六进制转换为十进制
>>> print('十六进制 12 转换为十进制',int('12',16))
>>> print('十六进制 12 转换为十进制',eval('0x12'))
```

运行程序并分析程序的运行结果。

```
#十进制转换为十六进制
>>> print('十进制 87 转换为十六进制',hex(87))
>>> print('十进制 87 转换为十六进制',{0:x}.format(87))
```

运行程序并分析程序的运行结果。

实验 2.2　输出下列表达式的值。

1）int(float('7.34')%4)。

```
>>> print(int(float('7.34')%4))
```

2）(4/3)*pi^3。

```
>>> import math
>>> print(4/3*pow(math.pi,3))
```

3）$2/(1-\sqrt{7})$。

```
>>> import math
>>> print(2/(1-math.sqrt(7)))
```

运行程序并分析程序的运行结果。

实验 2.3　假设二元一次方程组 $\begin{cases} 2x - 3y = -2 \\ 4x - 5y = 6 \end{cases}$，用 Python 表达式求 x、y 的值。

```
>>> a11=2;a12=-3;a21=4;a22=-5;b1=-2;b2=6
>>> x=(a12*b2-a22*b1)/(a12*a21-a22*a11)
>>> y=(b2-a21*x)/a22
>>> print('x=',x,'y=',y)
```

运行程序并分析程序的运行结果。对于一般形式的二元一次方程组：

$$\begin{cases} a_{11}x + a_{12}y = b_1 \\ a_{21}x + a_{22}y = b_2 \end{cases}$$

如何利用系数表达 x、y 的值，并用 Python 表达式表示出来？

习　题

一、选择题

1．Python 语言中的标识符只能由字母、数字和下划线 3 种字符组成，且第一个字符（　　）。

  A．必须是字母

  B．必须为下划线

  C．必须为字母或下划线

  D．可以是字母、数字和下划线中的任一种字符

2．在 Python 中，下列标识符合法的是（　　）。

  A．_　　　　　　B．3C　　　　　　C．it's　　　　　　D．#

3．（　　）不是 Python 合法的标识符。

  A．int32　　　　　B．40XL　　　　　C．self　　　　　　D．__name__

4．下列选项中，符合 Python 命名规范的标识符是（　　）。

  A．user-Passwd　　B．if　　　　　　C．_name　　　　　D．setup.exe

5．下列为合法的用户自定义标识符的是（　　）。

  A．a*b　　　　　　B．break　　　　　C．5a3v　　　　　D．_kill23

6．在 Python 表达式中，可以使用（　　）控制运算的优先顺序。

  A．圆括号()　　　　B．方括号[]　　　　C．花括号{}　　　D．尖括号<>

7．下列 Python 语句中，非法的是（　　）。

  A．x=y=1　　　　B．x=(y=1)　　　　C．x,y=y,x　　　　D．x=1;y=1

8．为了给整型变量 x、y、z 赋初值 10，下列 Python 赋值语句正确的是（　　）。

  A．xyz=10　　　　　　　　　　　B．x=10 y=10 z=10

  C．x=y=z=10　　　　　　　　　　D．x=10,y=10,z=10

9．已知 x=2 且 y=3，复合赋值语句 x*=y+5 执行后变量 x 中的值是（　　）。

  A．11　　　　　　B．16　　　　　　C．13　　　　　　D．26

10．下列运算符中，优先级最高的是（　　）。

  A．&　　　　　　B．**　　　　　　C．<=　　　　　　D．*

11．在整型变量 x 中存放了一个两位数，如果要将该两位数的个位数字和十位数字交换位置，如将 13 变成 31，则下列 Python 表达式正确的是（　　）。

  A．(x%10)*10+x//10　　　　　　B．(x%10)//10+x//10

  C．(x/10)% 10+x//10　　　　　　D．(x%10)*10+x% 10

12．print(100−25 * 3 % 4)应该输出（　　）。

  A．1　　　　　　B．97　　　　　　C．25　　　　　　D．0

二、填空题

1．表达式 4.5/2 的值为_____，4.5//2 的值为_____，4.5%2 的值为_____。

2．表达式 12/4-2+5*8/4%5/2 的值为_____。

3．浮点数 $1.2×10^5$，其 Python 表达式为_____。

4．若 a=10、b=20，那么(a and b)的结果为_____。

5．表达式 10+5//3-True+False 的值为_____。

6．表达式 17.0%3 ** 2 的值为_____。

7．表达式 0 and 1 or not 2 < True 的值为_____。

8．Python 语句序列"x=0;y=True; print(x>=y and 'A'<'B')"的运行结果是_____。

三、编程题

1．输入三角形的 3 条边，求三角形的面积。

2．通过键盘输入圆的半径，计算圆的面积和周长并输出。

第 3 章　Python 字符串运算

在 Python 中，字符串是除数字外最重要的数据类型。字符串是一种表示文本的聚合数据结构，它由"一串字符"进行表示。本章主要介绍字符串的创建，用字符串来设置格式，字符串的连接、比较和查找等相应操作。

3.1　Python 字符串的概念

字符串可以包含任何字符，如英文字符、中文字符。Python3.×版本对中文字符串支持较好。字符串中的元素都是有序的，每一个元素都带有序号，序号也称为索引或下标。

3.1.1　创建字符串

Python 中的字符串包括单行字符串和多行字符串。

1. 使用引号创建字符串

通过单引号"'　'"和双引号"" ""均可创建一个单行字符串。在输出时，将按照原样进行输出，如"Python，中文网"。

三引号"'''　'''"既可以创建单行字符串，也可以创建多行字符串。

例 3.1　使用三引号创建字符串。

```
>>> s='''党的二十大报告寄语青年："青年强，则国家强。当代中国青年生逢其时，施展才干
的舞台无比广阔，实现梦想的前景无比光明。"'''
>>> print(s)
党的二十大报告寄语青年："青年强，则国家强。当代中国青年生逢其时，施展才干的舞台无比
广阔，实现梦想的前景无比光明。"
```

2. 使用 str()创建字符串

在编程过程中经常会将字符串和数值在一行输出，但由于它们属于不同的两种数据类型，不能进行隐式类型转换，只能通过函数 str()将数值类型进行显式类型转换后再进行连接。

例 3.2　使用函数 str()进行显式类型转换示例。

```
>>> a=12;b=5
>>> s='a+b='+str(a+b) #字符串连接
>>> print(s)
a+b=17
```

3.1.2 转义字符

转义字符用于表示某些场合下不能直接输入的特殊字符，如代码中需要输入退格符、换行符、换页符等不可见字符时，可以使用转义字符。转义字符由反斜杠"\"引导，并与其后面相邻的字符组成新的含义。

对于 ASCII 编码，0~31（十进制）范围内的字符为控制字符，它们都是看不见的，不能在显示器上显示，甚至无法通过键盘输入，因此只能用转义字符的形式来表示。常用的 Python 转义字符如表 3.1 所示。

表 3.1 常用的 Python 转义字符

转义字符	功能	转义字符	功能
\'	单引号	\b	退格（backspace）
\（在行尾时）	续行符	\n	换行
\"	双引号	\t	横向制表符
\\	反斜杠符号	\r	回车

例 3.3 使用转义字符输出字符串。

```
>>> print('I\'m learning\tPython.')
I'm learning    Python.
>>> print('春晓（唐）孟浩然\n 春眠不觉晓，\n 处处闻啼鸟。\n 夜来风雨声，\n 花落知多少?')
春晓（唐）孟浩然
春眠不觉晓，
处处闻啼鸟。
夜来风雨声，
花落知多少?
```

3.2 字符串的输入/输出

程序编写的目的是解决特定的计算问题，每个程序都有统一的运算模式：输入数据、处理数据和输出数据。这里输入数据一般是指在程序运行中获取从键盘输入的数据；输出数据一般是指运行程序输出到显示器的内容。

3.2.1 字符串的输入

在 Python 中，使用 input()函数接收用户的输入，其语法格式如下：

```
<var_name >=input([<string>])
```

其中，var_name 表示数据的变量名，为字符串类型；string 是可选项，表示提示用户输入数据的字符串。

值得注意的是，采用 input()函数输入数值型数据时，需要用 int()、float()函数进行转换。

3.2.2 字符串的输出

在 Python 中，使用 print()函数进行输出。该函数的语法格式如下：

```
print([<objects>[, sep=' '][, end='\n']])
```

参数说明如下：

1）objects：表示输出的对象。当输出多个对象时，需要使用逗号","分隔。

2）sep：用来分隔多个对象。

3）end：用来设定以什么结尾。默认值是换行符"\n"，也可以换成其他字符。

1. 变量的输出

无论什么类型的数据变量，都可以直接输出。字符串按原样输出，表达式则是先计算后输出值。

例 3.4 直接输出变量的值。

```
>>> s='将 9.8 万元按定期三年（年利率 2.92%）存储到银行，三年后款额为：'
>>> b_savings=9.8*(1+2.92%*3)
>>> print(s,round(b_savings,2))
将 9.8 万元按定期三年（年利率 2.92%）存储到银行，三年后款额为： 10.66
>>> a='尊重劳动';b='尊重知识';c='尊重人才';d='尊重创造'
>>> print(a,b,c,d,sep='、')
尊重劳动、尊重知识、尊重人才、尊重创造
```

2. 使用 "*" 重复输出

重复符 "*" 连接的两个对象分别为一个字符串对象和一个整数，生成的新的字符串为原字符串复制而成，复制次数为给出的整数值。

例 3.5 重复输出字符串示例。

```
>>> print('-'*30)
------------------------------
```

3.3 格式化字符串

Python 字符串的格式化处理主要是用来将变量（对象）的值填充到字符串中，并在字符串中解析 Python 表达式。主要有 3 种字符串的格式化方法：一是使用格式化操作符 "%"，二是采用专门的 string.format()方法（即采用占位符），三是使用 f-string 方法（即格式化字符串向量）。

3.3.1 使用%操作符格式化字符串

Python 中的%操作符可用于格式化字符串，控制字符串的呈现格式。格式化字符串时，Python 使用一个字符串作为模板。模板中有格式符，这些格式符为显示值预留位置，并说明显示值应该呈现的格式，字符串模板的参数如表 3.2 所示。

表 3.2　字符串模板的参数

符号	功能
-	表示左对齐，正数前无符号，负数前添加负号
+	表示右对齐，正数前添加正号，负数前添加负号
<sp>	表示右对齐，正数前添加空格，负数前添加负号
#	在八进制数前面显示零（'0'），在十六进制数前面显示'0x'或'0X'
0	表示右对齐，显示的数字前面填充'0'而不是默认的空格
%	'%%'输出一个'%'
m.n	m 是显示的最小总宽度，n 是小数点后的位数（如果可用的话）

格式化控制符用于控制字符串模板中不同符号的显示。例如，可以显示为字符串、整数、浮点数等形式。字符串格式化的控制符如表 3.3 所示。

表 3.3　字符串格式化的控制符

符号	功能	符号	功能
%u	格式化无符号整型	%f	格式化浮点数字，可指定小数点后的精度
%c	格式化字符及其 ASCII 值	%e	用科学记数法格式化浮点数
%s	格式化字符串	%E	作用同%e，用科学记数法格式化浮点数
%d	格式化整数	%g	%f 和%e 的简写
%o	格式化无符号八进制数	%G	%f 和 %E 的简写
%x	格式化无符号十六进制数	%p	用十六进制数格式化变量的地址
%X	格式化无符号十六进制数（大写）		

例 3.6　使用%操作符格式化字符串。

```
>>> name='张明芳'
>>> print('我的名字叫%s！'%(name))
我的名字叫张明芳！
>>> print('我的名字叫%4s！'%name)    #右对齐，一共占 4 个位置
我的名字叫 张明芳！
>>> print('我的名字叫%-4s！'%name)    #左对齐，一共占 4 个位置
我的名字叫张明芳 ！
```

例 3.7　使用格式化字符串"%d"对进制进行显示。

```
>>> number=18
```

```
>>> print('%d 使用十进制表示为：%d'%(number,number))        #十进制
18 使用十进制表示为：18
>>> print('%d 使用八进制表示为：%o'%(number,number))        #八进制
18 使用八进制表示为：22
>>> print('%d 使用十六进制表示为：%x'%(number,number))      #十六进制
18 使用十六进制表示为：12
```

3.3.2 string.format()方法

string.format()方法中的 string 被称为模板字符串，其中包括多个"{}"表示的占位符，这些占位符接收 format()方法中的参数。在模板字符串中，如果占位符"{}"为空，将会参照参数出现的先后次序进行匹配；如果占位符"{}"指定了参数的名称或序号，则会按名称或序号替换相应参数。

例 3.8 占位符"{}"为空示例。

```
>>> print('{}在{}学了一天的{}课程。'.format('张明芳','图书馆','金融学'))
张明芳在图书馆学了一天的金融学课程。
```

例 3.9 占位符"{}"指定名称示例。

```
>>> print('{name}在{Location}学了一天的{course}课程。'.format(Location='图书馆',name='张明芳',course='金融学'))
张明芳在图书馆学了一天的金融学课程。
```

例 3.10 占位符"{}"指定序号示例。

```
>>> print('{2}在{0}学了一天的{1}课程。'.format('图书馆','金融学','张明芳'))
张明芳在图书馆学了一天的金融学课程。
```

3.3.3 f-string

与 format 的用法相似，只是 f-string 是直接在字符串中传入参数。f-string 实际上是在运行时计算的表达式，而不是常量值。在 Python 源代码中，f-string 是一个文字字符串，前缀为'f'，其中包含花括号内的表达式。表达式会将花括号中的内容替换为其值。

例 3.11 f-string 格式化输出示例。

```
>>> name='张明芳'
>>> age=20
>>> print(f'{name}的年龄是{age}岁。')
张明芳的年龄是 20 岁。
```

3.4 字符串运算

字符串运算是采用字符串运算符对两个字符串数据进行运算的过程。其中，对字符

串进行连接、比较、切片、提取子字符串都是常用的一些操作方法。

3.4.1　字符串连接

字符串连接是指将一个字符串拼接到另一个字符串的后面。

1. 使用连接符"+"

例 3.12　使用连接符"+"输出字符串。

```
>>> s_1='谱写新时代'
>>> s_2='中国特色社会主义更加绚丽的华章'
>>> print(s_1+s_2)
谱写新时代中国特色社会主义更加绚丽的华章
```

2. 使用 join()函数

join()函数使用新的目标分隔符连接原有字符串，并返回新的字符串。
join()函数的语法格式如下：

```
<sep>.join(<sep_object>)
```

其中，sep 表示分隔符，可为","　"-"　";"等；<sep_object>表示要分隔的对象，可为字符串及存储字符串的元组、列表、字典。

例 3.13　使用 join()函数输出字符串。

```
>>> s='谱写新时代中国特色社会主义更加绚丽的华章'
>>> print('-'.join(s))
谱-写-新-时-代-中-国-特-色-社-会-主-义-更-加-绚-丽-的-华-章
```

3.4.2　字符串比较

1. 单字符串的比较

比较两个单字符串是否相同时，可以采用"=="运算符。如果两个单字符串相同，则表达式返回真，否则返回假。两个单字符串之间的比较会转换为对应的 ASCII 值之间的比较。

2. 多字符串的比较

多字符串的比较是指从两个字符串中索引值为 0 的位置开始，如果当前两个字符相等，则将两个字符串的索引值加 1 后继续进行比较；如果两个字符不相等，则返回比较结果。如果两个字符串比较到一个字符串结束时都相等，那么较长的字符串更大。

例 3.14　字符串的比较。

```
>>> print('abcre'>'abwsd')
False
```

3.4.3　字符串切片

字符串通过在其后面添加[]，以及在[]中指定索引位置进行搜索切片。

1）正向搜索：最左侧第一个字符索引值是 0，第二个字符索引值是 1，以此类推，直到 len(string)-1 停止搜索，其中 string 为字符串变量。

2）反向搜索：最右侧第一个字符索引值是-1，倒数第二个字符索引值是-2，以此类推，直到-len(string)为止，其中 string 为字符串变量。

切片（slice）操作可以快速地提取子字符串，语法格式如下：

```
<string>[[start]:[end]:[step]]
```

其中，start、end 和 step 都是整数，分别表示起始索引、终止索引和步长。提取字符串操作遵循"左闭右开"的原则。

例 3.15　字符串的切片。

```
>>> s='谱写新时代中国特色社会主义更加绚丽的华章'
>>> print(s[0:5])
谱写新时代
>>> print(s[::2])
谱新代国色会义加丽华
>>> print(s[-15:-7])
中国特色社会主义
```

例 3.16　利用字符串切片对整个字符串进行逆向输出。

```
>>> s='Hello world!'
>>> print(s[::-1])
!dlrow olleH
```

3.4.4　成员测试

成员测试运算符有两个：in 和 not in。in 用于测试字符串中是否包含某子串，not in 用于测试字符串中是否不包含某子串。

例 3.17　编写程序验证字符串中是否存在某元素。

```
>>> s='谱写新时代中国特色社会主义更加绚丽的华章'
>>> print('特色' in s)
True
```

Python 提供了一系列字符串运算符，如表 3.4 所示。

表 3.4 字符串常用运算符

运算符	功能	示例（a='Hello'，b='Python'）
+	字符串连接	a+b 的输出结果：HelloPython
*	重复输出字符串	a*2 的输出结果：HelloHello
[]	通过索引获取字符串中的字符	a[1]的输出结果：e
in	成员测试运算符，如果字符串中包含给定的字符则返回 True	'H' in a 的输出结果：True
not in	成员测试运算符，如果字符串中不包含给定的字符则返回 True	'M' not in a 的输出结果：True
[:]	截取字符串中的一部分，遵循"左闭右开"的原则	a[1:4]的输出结果：ell
r/R	原始字符串，它是用来替代转义符表示的特殊字符。原始字符串除在字符串的第一个引号前加上字母 r（R）外，与普通字符串有着几乎完全相同的语法	print(r'\n')、print(R'\n')，直接输出：\n

3.5 字符串内建方法

Python 有一组可以在字符串上使用的内建方法，它们实现了 string 模块的大部分功能。

3.5.1 字符串统计

通过 count()函数可以统计字符串中空格、数字、英文字母及子字符串出现的次数等，其语法格式如下：

```
<string>.count(<sub_str>, [begin][, end])
```

该函数统计子串 sub_str 在字符串 string 中出现的次数。如果 begin 或 end 指定，则返回指定范围内 sub_str 出现的次数。

例 3.18 统计字符串中子字符串出现的次数。

```
>>>string='中国共产党已走过百年奋斗历程。我们党立志于中华民族千秋伟业，致力于人类和平与发展崇高事业，责任无比重大，使命无上光荣。全党同志务必不忘初心、牢记使命，务必谦虚谨慎、艰苦奋斗，务必敢于斗争、善于斗争，坚定历史自信，增强历史主动，谱写新时代中国特色社会主义更加绚丽的华章。'
>>> sub_str='务必'
>>> print(string.count(sub_str))
3
```

3.5.2 字符串查找和替换

可以用 Python 语言的字符串处理函数来实现字符串的查找和替换功能。

1. 字符串查找

find()函数用于查找子字符串，其语法格式如下：

```
<string>.find(sub_str[start[, end]])
```

该函数在索引 start 到 end 之间查找子字符串 sub_str，如果找到，则返回第 1 个子串最左端位置的索引；如果没有找到，则返回-1。

例 3.19　在例 3.18 的字符串 string 中分别查"务必"和"所有"子串。

```
>>> print(string.find('务必'))
63
>>> print(string.find('所有'))
-1
```

2. 字符串替换

若想进行字符串替换，则可以使用 replace()函数替换匹配的子字符串，返回值是替换之后的字符串，语法格式如下：

```
<string>.replace(<old_str>,<new_str>[, count])
```

该函数是利用 new_str 子字符串替换 old_str 子字符串。count 参数指定了替换 old_str 子字符串的个数，如果 count 被省略，则替换所有 old_str 子字符串。

例 3.20　字符串替换。

```
>>> string='担任单位会计机构负责人（会计主管人员）的，除取得会计从业资格证书外，还
应当具备会计师以上专业技术职务资格或从事会计工作 3 年以上经历。'
>>> string_repl=string.replace('会计','经济')
>>> print(string_repl)
担任单位经济机构负责人(经济主管人员)的，除取得经济从业资格证书外，还应当具备经济师以
上专业技术职务资格或从事经济工作 3 年以上经历。
```

3.5.3　字符串分隔

若想进行字符分隔，可采用 split()函数，其按照子字符串来分隔字符串，返回字符串列表对象，语法格式如下：

```
<string>.split(<sep>[, maxsplit=-1])
```

其中，sep 为分隔符，默认为所有的空字符，包括空格、换行符"\n"、制表符"\t"等；maxsplit 是最大分隔次数，如果 maxsplit 省略，则表示不限制分隔次数。

例 3.21　字符串分隔。

```
>>>string='新时代十年的伟大变革，在党史、新中国史、改革开放史、社会主义发展史、中
华民族发展史上具有里程碑意义。'
>>> string_1=string.split('、')
>>> print(string_1)
['新时代十年的伟大变革，在党史', '新中国史', '改革开放史', '社会主义发展史', '中
华民族发展史上具有里程碑意义。']
```

3.5.4 其他常见字符串内建函数

除上述介绍的常用字符串内建函数外，其他常见字符串内建函数如表 3.5 所示。

表 3.5　其他常见字符串内建函数

函数名	功能
capitalize()	将字符串的第一个字符转换为大写
isalnum()	如果字符串中至少有一个字符，并且所有字符都是字母或数字，则返回 True，否则返回 False
isalpha()	如果字符串中至少有一个字符，并且所有字符都是字母或中文，则返回 True，否则返回 False
isdigit()	如果字符串中只包含数字，则返回 True，否则返回 False
islower()	如果字符串中包含至少一个区分大小写的字符，并且所有这些（区分大小写的）字符都是小写，则返回 True，否则返回 False
isnumeric()	如果字符串中只包含数字字符，则返回 True，否则返回 False
isspace()	如果字符串中只包含空白，则返回 True，否则返回 False
istitle()	如果字符串是标题化的（见 title()），则返回 True，否则返回 False
isupper()	如果字符串中包含至少一个区分大小写的字符，并且所有这些（区分大小写的）字符都是大写，则返回 True，否则返回 False
join()	格式为'sep'.join(<seq>),sep 为分隔符，可以为空；seq 为要连接的元素序列、字符串、元组、字典，返回以 sep 作为分隔符，将 seq 所有元素合成的新字符串
len(<string>)	返回字符串 string 的长度
min(<string>)	返回字符串 string 中最小的字母
rstrip()	删除字符串末尾的空格或指定字符
splitlines([keepends])	按照行('\r'、'\r\n'、\n')分隔，返回一个包含各行作为元素的列表。如果参数 keepends 为 False，则不包含换行符；如果参数 keepends 为 True，则保留换行符
startswith(substr, beg=0,end=len(string))	检查字符串是否以指定子字符串 substr 开头，若是则返回 True，否则返回 False。如果 beg 和 end 指定值，则在指定范围内检查
swapcase(<string>)	将字符串 string 中的大写字母转换为小写字母，小写字母转换为大写字母
upper(<string>)	将字符串 string 中的所有字母都转换成大写字母
title(<string>)	返回"标题化"的字符串，就是说所有单词都是以大写字母开始的，其余字母均为小写（见 istitle()）
lower(<string>)	转换字符串 string 中所有大写字母为小写字母
lstrip(<string>)	截掉字符串 string 左侧的空格或指定字符
max(<string>)	返回字符串 string 中最大的字母

3.6　正则表达式

正则表达式是一个特殊的字符序列，可检查一个字符串是否与某种模式匹配，利用它可以方便地进行字符串的检索、替换、匹配等操作。Python 语言中的 re（regular expression）模块拥有全部的正则表达式功能。

3.6.1　常用字符及正则表达式

Python 支持的正则表达式中的常用字符如表 3.6 所示。

表 3.6　正则表达式中的常用字符

字符	说明	示例
\d	匹配一个数字	
\D	匹配非数字	
\w	匹配一个字符：[A-Za-z0-9_]	"\d{3}\s+\d{2,8}" 的含义如下。
\W	匹配非字母字符，即匹配特殊字符	\d{3}：表示匹配 3 个数字，如'028'。
.	匹配除换行符外的任意一个字符	\s+：表示匹配至少一个空格。
\s	匹配任意一个空白字符，等价于[\t\n\r\f]	\d{2,8}：表示匹配 2～8 个数字，如'1245'。
*	匹配任意个字符，包括 0 个	该表达式可以匹配以任意个空格隔开区号的电
+	匹配至少一个字符	话号码，如'010 57216520'
?	匹配 0 个或一个字符	
{n,m}	匹配 n～m 个字符	
{n}	前一个字符只能出现 n 次	a{3}b：可以匹配'aaab'
a|b	匹配 a 或 b	(P|p)ython：可以匹配'Python'或'python'
^	匹配行首	^\d：表示行必须以数字开头
$	匹配行尾	$\d：表示行必须以数字结尾

常用正则表达式如表 3.7 所示，正则表达式中用[]来表示范围。

表 3.7　常用正则表达式

表达式	说明
[0-9a-zA-Z_]	匹配一个数字、大小写字母或下划线
[0-9a-zA-Z_]+	匹配至少由一个数字、大小写字母或下划线组成的字符串
[a-zA-Z_][0-9a-zA-Z_]*	匹配由字母或下划线开头，后面有任意个有数字、字母或下划线
[a-zA-Z_][0-9a-zA-Z_]{0, 19}	精确地限制了变量的长度为 1～20 个字符

3.6.2　常用方法

要使用 Python 3.×中的 re 模块，则必须先进行导入。该模块提供了一些正则表达式
的处理方法，这些方法使用一个模式字符串来作为它们的第一个参数。常用语法格式如下：

```
import re
```

1. match()方法

match()方法从字符串的起始位置匹配一个模式，如果不是起始位置匹配成功，则
match()返回 none。match()方法的语法格式如下：

```
re.match(<pattern>,<string>[,flags=0])
```

参数说明如下：

1）pattern：匹配的正则表达式。

2）string：要匹配的字符串。

3）flags：标志位，用于控制正则表达式的匹配方式，如是否区分大小写、多行匹

配等。多个标志可以通过按位或"|"来指定，如 re.I|re.M 被设置成 I 和 M 标志。可选标志修饰符如表 3.8 所示。

表 3.8　标志修饰符

修饰符	说明
re.I	使匹配忽略大小写
re.L	做本地化识别（locale-aware）匹配
re.M	多行匹配，影响"^"和"$"
re.S	表示"."的作用扩展到整个字符串，包括"\n"
re.U	根据 Unicode 字符集解析字符，这个标志影响"\w"和"\W"
re.X	该标志通过更灵活的格式以便将正则表达式写得更易于理解

match() 方法的常用函数如下：

1）group([num]) 函数：获取一个或多个分组的字符串。

2）span() 函数：返回指定的组截获的子串在 string 中的结束索引。

例 3.22　match() 方法应用示例。

程序代码如下：

```
import re
str1='hello 123456789 word_this is just a test'
parttern='^Hello\s\d{9}.*test$'
'''
```

"^"标识开头，这里匹配以 Hello 开头的字符串；"\s"匹配空白字符串；"\d{9}"匹配 9 位数字；"."匹配除换行符外的任意字符；"*"匹配零次或多次，二者结合起来能够匹配任意字符（除了换行符）；"$"标识结尾，这里匹配以 test 结尾的字符串。

```
'''
result=re.match(parttern,str1,re.I)
print(result)
print(result.group())    #group()方法输出匹配到的内容
print(result.span())     #span()方法输出匹配的范围
```

程序运行结果如图 3.1 所示。

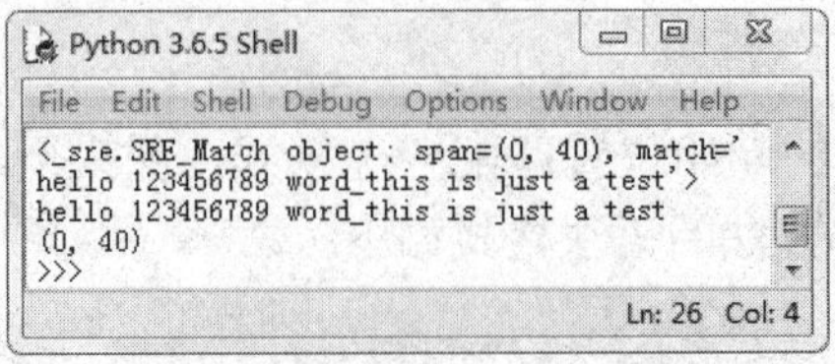

图 3.1　例 3.22 的程序运行结果

2. search() 方法

search() 方法用于扫描整个字符串并返回第一个成功的匹配，其语法格式如下：

```
re.search(<pattern>,<string>[,flags=0])
```

参数同 match()方法。

例 3.23　search()方法应用示例。

程序代码如下:

```
import re
line='In fact, cats are  smarter  than dogs'
result=re.search( r'(.*) are (.*?) .*', line, re.M|re.I)
print (' result.group() : ', result.group())
print (' result.group(1) : ', result.group(1))
print (' result.group(2) : ', result.group(2))
```

程序运行结果如图 3.2 所示。

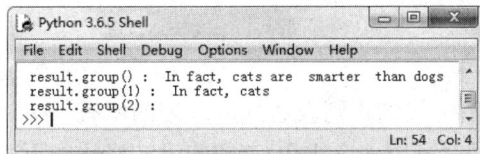

图 3.2　例 3.23 的程序运行结果

match()方法只检测字符串开头位置是否匹配,匹配成功才会返回结果,否则返回 None;而 search()方法会在整个字符串中查找模式匹配,直到找到第一个匹配后返回一个包含匹配信息的对象,该对象可以通过调用 group()方法得到匹配的字符串,如果字符串没有匹配,则返回 None。

3.　sub()方法

sub()方法通过正则表达式实现比字符串函数 replace()更加强大的替换功能。sub()方法的语法格式如下:

```
sub(pattern,repl,string,count=0,flags=0)
```

参数说明如下:

1)pattern:正则表达式的字符串。

2)repl:被替换的内容。

3)string:正则表达式匹配的内容。

4)count:由于正则表达式匹配的结果是多个,使用 count 来限定替换的个数(从左向右),默认值是 0。

5)flags:匹配模式,可以使用按位或"|"表示同时生效,也可以在正则表达式字符串中指定。

例 3.24　sub()方法应用示例。

程序代码如下:

```
import re
phone='0517-3214-7231          #这是一个公司的电话号码'
ph=re.sub(r'#.*$', '', phone)    #删除注释
print ('电话号码 : ', ph)
ph_num=re.sub(r'\D', '', phone)  #移除非数字的内容
print ('电话号码: ',ph_num)
```

程序运行结果如图 3.3 所示。

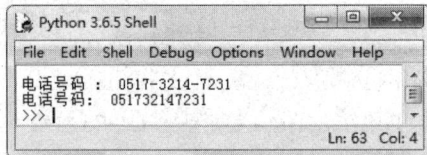

图 3.3   例 3.24 的程序运行结果

4. findall()方法

findall()方法在字符串中找到正则表达式所匹配的所有子串，并返回一个列表；如果没有找到匹配的，则返回空列表。findall()方法的语法格式如下：

```
findall(pattern, string, flags=0)
```

参数说明如下：

1）pattern：正则表达式。

2）string：需要处理的字符串。

3）flags：说明匹配模式。

例 3.25   提取完整的年月日和时间字段。

程序代码如下：

```
import re
str1='se234 2022-10-09 07:30:00 2022-10-10 07:25:00最新动态'
p=r'\d{4}-\d{2}-\d{2} \d{2}:\d{2}:\d{2}'
content=re.findall(p,str1,re.M)
print(content)
```

程序运行结果如图 3.4 所示。

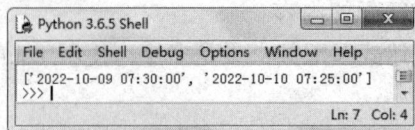

图 3.4   例 3.25 的程序运行结果

3.7 实 验

实验 3.1 将多行输入的信息输出到一行。

```
>>>name=input('请输入学生姓名：')
>>>num=int(input('请输入学号：'))
>>>professional=input('请输入专业：')
>>>print('%s 学号为：%d\n%s 专业为：%s'%(name, num,name, professional))
```

运行程序并分析程序的运行结果。

实验 3.2 已知字符串 str_1='aAsmr3idd4bgs7Dlsf9eAF'，要求如下：请将 str_1 字符串中的大写字母改为小写字母，小写字母改为大写字母。

```
>>> str_1='aAsmr3idd4bgs7Dlsf9eAF'
>>> print(str_1.swapcase())
```

运行程序并分析程序的运行结果。

如果只把小写字母转换为大写字母，应该如何实现？

实验 3.3 在实验 3.2 的后面继续输出如下语句。

```
>>> str_1='.'.join(string_1)
>>> print(str_1)
```

运行程序并分析程序的运行结果，并解释两种结果的异同。

实验 3.4 将输入的十进制数转换成二进制数后统计 1 和 0 的个数。

```
>>> dig=int(input('输入正整数：'))
输入正整数：321
>>> b_1=bin(dig).lstrip('0')
>>> print('1 的个数为：',b_1.count('1'),'0 的个数为：',b_1.count('0'))
```

运行程序并分析程序的运行结果。

修改程序语句输出正整数 321 转换后的二进制数，验证结果的正确性。

实验 3.5 输入身份证号码，并输出对应的出生年月日。

```
>>>ID=input('请输入身份证号码：')
>>>year=ID[6:10]
>>>month=ID[10:12]
>>>day=ID[12:14]
>>>print('出生年月日为：'+year+'年'+month+'月'+day+'日')
```

运行程序并分析程序的运行结果。说明 year、month、day 三条语句的意义。

实验 3.6 查找字符串中子字符串的位置，并使用新字符串进行替换。

```
>>>str_1='少年强，则国家强。当代中国少年生逢其时，施展才干的舞台无比广阔，实现梦想
```

的前景无比光明。'

```
>>>s='少年'
>>>sub='青年'
>>>print(str_1.find('少年'))
>>>print(str_1.replace(s, sub))
```

运行程序并分析程序的运行结果。

实验 3.7　统计字符串中子字符串出现的次数、第一次出现的位置和最后一次出现的位置。

```
>>> str_1='中国共产党已走过百年奋斗历程。我们党立志于中华民族千秋伟业，致力于人类和平与发展崇高事业，责任无比重大，使命无上光荣。全党同志务必不忘初心、牢记使命，务必谦虚谨慎、艰苦奋斗，务必敢于斗争、善于斗争，坚定历史自信，增强历史主动，谱写新时代中国特色社会主义更加绚丽的华章。'
>>> num1=str_1.count('中国共产党')
>>> num2=str_1.count('斗争')
>>> num3=str_1.count('务必')
>>> print(' '*11+'出现次数 '+' 第一次出现位置'+' 最后一次出现位置')
>>> print('中国共产党 '+str(num1)+' '*10+str(str_1.find('中国共产党'))+' '*11+str(str_1.rfind('中国共产党')))
>>> print('斗争'+' '*7+str(num2)+' '*10+str(str_1.find('斗争'))+' '*11+str(str_1.rfind('斗争')))
>>> print('务必'+' '*7+str(num3)+' '*10+str(str_1.find('务必'))+' '*11+str(str_1.rfind('务必')))
```

运行程序并分析程序的运行结果。

实验 3.8　获取星期字符串。程序读入一个表示星期几的数字（1~7），输出对应的星期字符串名称。例如，输入 3，返回"星期三"。

```
weekstr = "星期一星期二星期三星期四星期五星期六星期日"
weekid = int(input("请输入星期数字(1~7)："))
pos = (weekid - 1) * 3 # 获取对应星期的起始位置
print(weekstr[pos: pos+3])
```

运行程序并分析程序的运行结果。

实验 3.9　给定字符串"site sea suede sweet see kase sse ssee loses"，匹配出所有以 s 开头、e 结尾的单词。

```
import re
str_1='site sea suede sweet see kase sse ssee loses'
str_2=re.findall(r's[^0-9]e',str_1)
print('所有以 s 开头、e 结尾的单词为: ',str_2)
```

运行程序并分析程序的运行结果。

实验 3.10 在网络上抓取的数据一般包含一些格式标记,在数据预处理过程中需要去掉这些标记。

```
import re
s = "<div class='a'>正则<span>表达式</span><b style='color:red'>练习</b>
</div>"
rec = re.sub(r'(</?div.*?>|</?b.*?>)','',s)
ret=re.sub(r'(<span|</span>)','',rec)
print(ret)
```

运行程序并分析程序的运行结果。

实验 3.11 将每行中的电子邮件地址替换为你自己的电子邮件地址。

```
import re
str_1='''693152032@qq.com, werksdf@163.com, sdf@sina.com;
sfjsdf@139.com, soifsdfj@134.com;pwoeir423@123.com'''
content=re.sub(r"\w+@\w+.com","xiaxiaoxu1987@163.com",str_1)
print()
print('_'*80)
print(content)
```

运行程序并分析程序的运行结果。

习 题

一、选择题

1. 语句 "print("{0}:{3}". format('P','y','th','on'))" 的输出结果是（   ）。

　　A．'Pon'　　　　　　B．'P:on'　　　　　　C．'0:3'　　　　　　D．'P:th'

2. 设有变量赋值 s='Hello World'，则下列选项中可以输出"World"子字符串的是（   ）。

　　A．print(s[-5:-1])　　　　　　　　B．print(s[-5:0])

　　C．print(s[-4:-1])　　　　　　　　D．print(s[-5::])

3. 下列可以输出"smith\exam1\test.txt?"的是（   ）。

　　A．print("smith\exam1\test.txt?")　　　　B．print("smith\\exam1\\test.txt?")

　　C．print("smith\"exam1\"test.txt?")　　　　D．print("smith"\exam1"\test.txt?")

4. （   ）操作无法对字符串使用。

　　A．分片　　　　　　B．合并　　　　　　C．索引　　　　　　D．赋值

5. 表达式"4"+5 的结果是（   ）。

　　A．9　　　　　　　B．"9"　　　　　　　C．"45"　　　　　　D．出错

6. 下列关于字符串的说法中，错误的是（   ）。

　　A．字符应该是长度为 1 的字符串

　　B．字符串的字符下标从 1 开始编号

C. 既可以用单引号，也可以用双引号创建字符串

D. 在三引号字符串中可以包含换行、回车符等特殊字符

7. 正则表达式 R[0-9]{3}，能匹配出（　　）字符串。

A. R3　　　　　　　B. R03　　　　　　　C. R09　　　　　　D. R093

二、填空题

1. 如果 str="Python is good"，则执行 str[1:20]的结果为_____。

2. 使用函数_____获取字符串长度。

3. 表达式'a'+'b'的值为_____。

4. 设 s='Python Programming'，那么 print(s[-5:])的结果是_____。

5. 表达式'a'.join('abc'.partition('a'))的值为_____。

6. 表达式'The first:{1}, the second is {0}'.format(65,97)的值为_____。

7. 执行下列程序语句：

```
str_1='生活中的平凡造就伟大'
str_2='伟大出自平凡, '
print(str_2+str_1[4:])
```

输出结果为_____。

8. [a-zA-Z][0-9]表示满足_____就可以匹配。

9. 执行下列程序语句：

```
>>> import re
>>> patt=r'(\d+)aa'
>>> str_1='bb32aa23xx34ccc'
>>> res3=re. search(patt,str_1)
>>> print(res3. group())
```

输出结果为_____。

三、编程题

1. 输入一个字符串，输出所有奇数位上的字符（下标是 1、3、5、7…的字符）。

2. 输入一个书名，然后输出它的字符串长度。

3. 输入一句英文，将其中的单词以反序输出。

4. 设计一个正则表达式来过滤一个字符串序列中的 10～59 之间的数。例如，str_ls='10 20 30 40 2 3 59 60 aa 3aaa'，则输出['10', '20', '30', '40', '59']。

第 4 章 Python 的程序控制结构

在解决实际问题时，我们会根据不同的条件，控制程序执行不同的代码，从而实现不同的功能。流程控制也称为控制流程，是指在程序运行时，指令（程序、子程序、代码段）运行或求值的顺序。流程控制对于任何一门编程语言来说都是至关重要的，它提供了控制程序如何执行的方法。本章主要介绍 Python 语言提供的 3 种流程控制语句：顺序结构、选择结构和循环结构。

4.1 顺 序 结 构

顺序结构是最简单的流程控制结构，按照代码出现的先后顺序依次执行。程序中的代码大多是顺序执行的，其结构流程如图 4.1 所示。

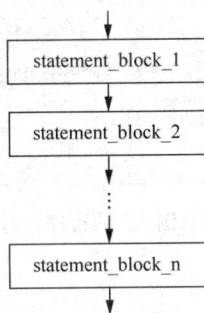

图 4.1 顺序结构的流程图

一般地，常使用赋值语句，内置的 input() 输入函数和 print() 输出函数来实现顺序结构，这些语句可以完成输入、计算、输出的基本功能。

例 4.1 编写程序，要求输入圆柱体的底面半径、高，然后计算圆柱体的体积。
程序代码如下：

```python
import math
r=float(input('输入底面半径：'))
h=float(input('输入圆柱体的高：'))
v=math.pi *r *r *h    #计算体积
print('此圆柱体的体积为：',round(v,2))
```

程序运行结果如图 4.2 所示。

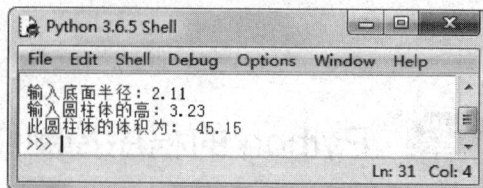

图 4.2　例 4.1 的程序运行结果

例 4.2　输入一个三位正整数，将个位和百位交换后再输出这个数。例如，输入 482，则输出 284。

程序代码如下：

```
n=int(input('\n 输入一个三位正整数：'))
a=n%10
b=n%100//10
c=n//100
m=a*100+b*10+c
print('交换后的三位数为：',m)
```

程序运行结果如图 4.3 所示。

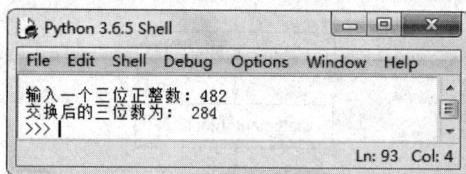

图 4.3　例 4.2 的程序运行结果

4.2　选 择 结 构

选择结构也称为分支结构，先判断给定的条件，然后根据判定结果来控制程序流程。日常生活中有很多选择的应用场景，如"鱼，我所欲也；熊掌，亦我所欲也。二者不可得兼，舍鱼而取熊掌者也。"就是一个非常典型的选择场景。在 Python 语言中，选择结构分为单分支结构（if 语句）、双分支结构（if…else 语句）和多分支结构（if…elif…else 语句）。

4.2.1　单分支结构

单分支结构只有一个分支，满足判断条件，就执行相应的语句。例如，"如果它是一只小鸟，它就会飞"，就是一个单分支结构。单分支结构的语法格式如下：

```
if <condition>:
    <statement_block>
```

其中，condition 可以是一个条件表达式，若为真或非零，则执行 statement_block；若为假，就跳过 statement_block，继续执行后面的语句。单分支结构的流程图如图 4.4 所示。

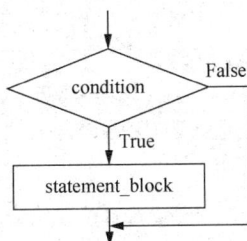

图 4.4　单分支结构的流程图

注意

1）condition 后面一定要加 ":"，初学者经常容易忽略。

2）如果 statement_block 中包含多条语句，缩进要保持一致。

可以用 "if…" 简略地表达上述常用格式。

例 4.3　输入动物类型为"鸟"或"鸟儿"时，输出"鸟会飞"或"鸟儿会飞"。

分析：利用 input()函数输入字符串，与"鸟儿"或"鸟"进比较，根据结果输出。

程序代码如下：

```
animal=input('请输入动物类型：')
if animal=='鸟' or animal=='鸟儿':
    print('输入的动物是：',animal)
    print(animal+'会飞')
```

程序运行结果如图 4.5 所示。

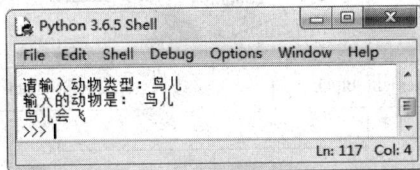

图 4.5　例 4.3 的程序运行结果

例 4.4　输入两个整数，升序排列并输出。

程序代码如下：

```
a,b=input('\n 请输入整数 a、b，以空格分隔:').split(' ')
#一行输入多个数时，用空格分开
a=int(a)
b=int(b)
print('排序前：',a,b)
```

```
if  a>b:
    a,b=b,a
print('排序后: ',a,b)
```

程序运行结果如图 4.6 所示。

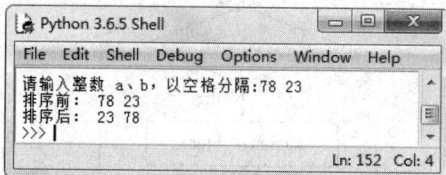

图 4.6 例 4.4 的程序运行结果

4.2.2 双分支结构

双分支结构为 "if…else"，当条件成立时需要执行某些操作，条件不成立时需要执行另外一些操作。例如，在进行身份验证时，若密码正确则可以登录系统，若密码错误则要重新输入。

双分支结构的语法格式如下：

```
if <condition>:
    <statement_block_1>
else:
    <statement_block_2>
```

程序的执行过程：先判断条件表达式 condition，如果值为真或非零，则执行 statement_block_1；否则执行 statement_block_2。双分支结构的流程图如图 4.7 所示。

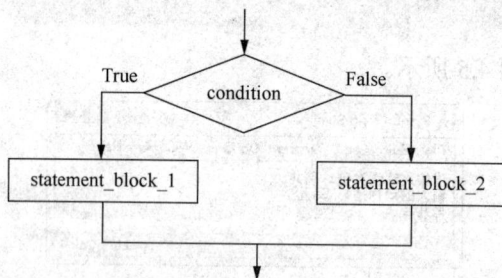

图 4.7 双分支结构的流程图

-- 注意 --

1）双分支结构中的 else 语句不能独立存在，即 else 一定要有相对应的 if，但有 if 不一定有 else。

2）else 后面不需要也不能加条件表达式。

例 4.5　输入一个整数，判断其是奇数还是偶数。

程序代码如下：

```
num=input('请输入一个整数：')
num=int(num)
if(num%2==0):
    print(num,'是偶数')
else:
    print(num,'是奇数')
```

程序运行结果如图 4.8 所示。

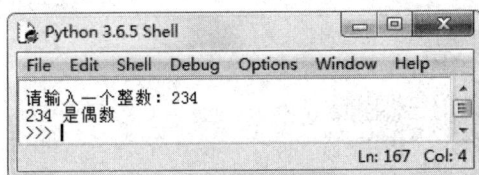

图 4.8　例 4.5 的程序运行结果

例 4.6　输入一元二次方程 $ax^2+bx+c=0$ 的实系数 a、b、c。判断方程是否有实数根，若有实数根，则输出实数根，否则输出"此方程无实数根！"。

程序流程分析如图 4.9 所示。

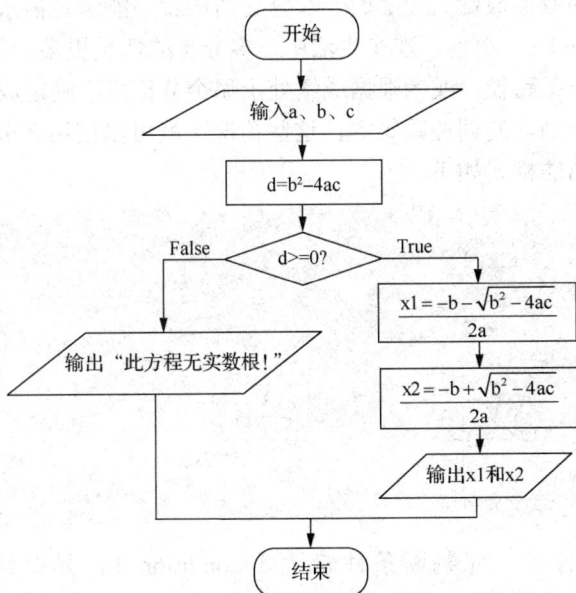

图 4.9　例 4.6 的程序流程分析

程序代码如下：

```
import math
a=float(input('\n 输入二次项系数 a：'))
```

```
b=float(input('输入一次项系数b: '))
c=float(input('输入常数项c: '))
d=b*b-4*a*c
if d>=0:
    x1=(-b-math.sqrt(d))/(2*a)
    x2=(-b+math.sqrt(d))/(2*a)
    print('x1={},x2={}'.format(round(x1,2),round(x2,2)))
else:
    print('此方程无实数根！')
```

程序运行结果如图 4.10 所示。

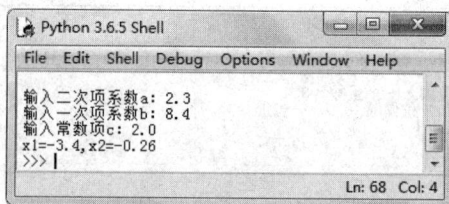

图 4.10　例 4.6 的程序运行结果

4.2.3　多分支结构

当条件表达式的取值数量大于 2 时，双分支结构就不能满足需求，需要用到多分支结构，用"if…elif…else"实现。现实生活中，多分支的情况更多，如交通的多岔路口，根据条件选择其中一条路径；或者根据成绩处于哪个分值段，确定成绩等级；再或者国家根据经济指数确定当前的调控政策等，这些情况下就可以使用多分支结构进行处理。

多分支结构的语法格式如下：

```
if <condition_1>:
    <statement_block_1>
elif <condition_2>:
    <statement_block_2>
…
elif <condition_n>:
    <statement_block_n>
else:
    <statement_block_(n+1)>
```

多分支结构执行时，先判断条件表达式 condition_1，如果结果为真，则执行 statement_block_1；否则判断条件表达式 condition_2，如果结果为真，则执行 statement_block_2，以此类推。只有在所有表达式都为假的情况下，才会执行 else 后面的 statement_block_(n+1)。多分支结构的流程图如图 4.11 所示。

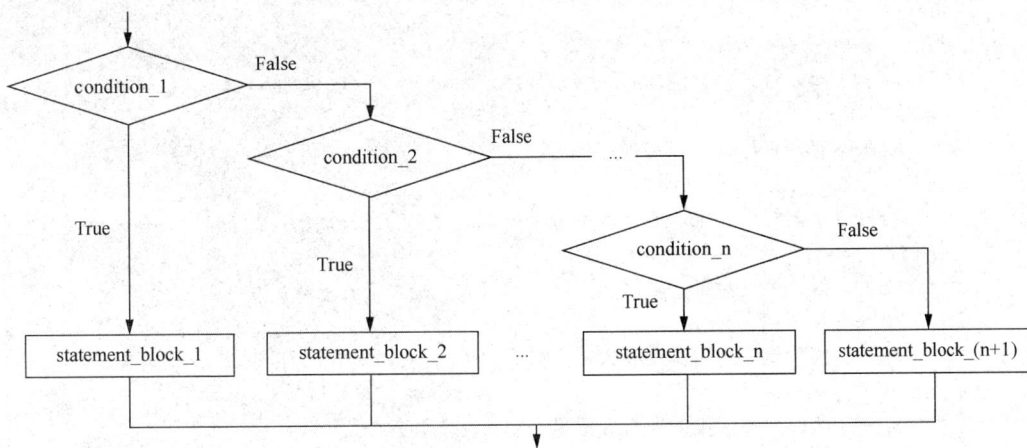

图 4.11 多分支结构的流程图

> **注意**
>
> 1）if 和 elif 后都需要有判断表达式，而 else 后不需要有判断表达式。
> 2）elif 和 else 都必须和 if 一起使用，不能单独使用。
> 3）statement_block_i 包含一行或多行语句，缩进保持一致。

例 4.7 根据空气质量指数进行生活建议。

空气质量指数（air quality index，AQI）是根据空气中的各种成分占比，将监测的空气浓度简化为单一的概念性数值形式，它将空气污染程度和空气质量状况分级表示，适合于表示城市的短期空气质量状况和变化趋势。空气质量指数、对应等级及相关建议如表 4.1 所示。

表 4.1 空气质量指数、对应等级及相关建议

AQI 数值	对应等级	生活建议
0～50	1 级，优	空气清新，适合参加户外活动
51～100	2 级，良好	可以参加室外活动
101～150	3 级，轻度污染	敏感人群减少体力消耗大的户外活动
151～200	4 级，中度污染	对敏感人群影响较大，减少户外活动
201～300	5 级，重度污染	所有人适当减少户外活动
>300	6 级，严重污染	所有人尽量不要留在户外

根据输入的 AQI 数值，输出该等级对应的生活建议信息。

程序代码如下：

```
x=int(input('请输入 AQI 数值：'))
if x<0:
    print('输入错误，请输入大于 0 的数值。')
```

```
else:
    if x<=50:
        s='1 级，优，空气清新，适合参加户外活动。'
    elif x<=100:
        s='2 级，良好，可以参加室外活动。'
    elif x<=150:
        s='3 级，轻度污染，敏感人群减少体力消耗大的户外活动。'
    elif x<=200:
        s='4 级，中度污染，对敏感人群影响较大，减少户外活动。'
    elif x<=300:
        s='5 级，重度污染，所有人适当减少户外活动。'
    else:
        s='6 级，严重污染，所有人尽量不要留在户外。'
    print('空气质量为：', s)
```

程序运行结果如图 4.12 所示。

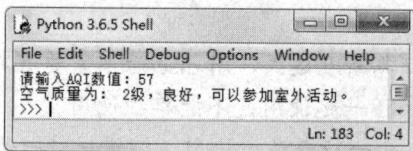

图 4.12 例 4.7 的程序运行结果

例 4.8 已知今天是星期二，计算 30 天后的日期是星期几，并输出结果。

分析：已知今天是星期二，则昨天是星期一，明天是星期三……每 7 天一个循环。分别用 1~7 代表星期一至星期日。计算出 30 天后的日期距离周一相差几天，则用星期一加上它除以 7 以后多余的天数，就可以得到所求日期是星期几。

程序代码如下：

```
today=2
yesterday=1
term=30
newday=yesterday+(term+today-yesterday)%7
if newday==1:
    pstr='星期一'
elif newday==2:
    pstr='星期二'
elif newday==3:
    pstr='星期三'
elif newday==4:
    pstr='星期四'
elif newday==5:
    pstr='星期五'
elif newday==6:
```

```
    pstr='星期六'
else:
    pstr='星期日'
print(f'{term}天后的今天是 ',pstr)
```

程序运行结果如图 4.13 所示。

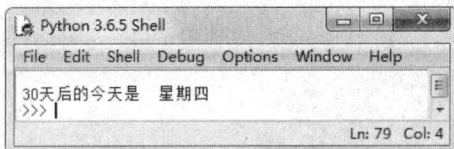

图 4.13　例 4.8 的程序运行结果

4.2.4　if 语句的嵌套

前面介绍了 3 种形式的分支结构，这 3 种分支结构之间可以互相嵌套，即在一个分支结构中嵌套另一个分支结构。例如，在最简单的 if 语句中嵌套 if…else 语句，形式如下：

```
if <condition_1>:
    if<condition_11>:
        <statement_block_11>
    else:
        <statement_block_12>
```

又如，在 if…else 语句中嵌套 if…else 语句，形式如下：

```
if <condition_1>:
    if <condition_11>:
        <statement_block_11>
    else:
        <statement_block_12>
else:
    if<condition_21>:
        <statement_block_21>
    else:
        <statement_block_22>
```

对于多层嵌套结构，一定要控制好不同级别代码块的缩进量，这是因为缩进量决定了代码块的从属关系，进而影响程序的执行结果。

例 4.9　实现分段函数值计算，根据 x 的输入值，输出 y 的值。

$$y = \begin{cases} -1 & (x < 0) \\ 0 & (x = 0) \\ 1 & (x > 0) \end{cases}$$

分析：y 的取值随着 x 的不同而变化。x 的取值分为 3 类，不能用相对简单的双分支结构 if…else 来实现，可以用嵌套的 if 语句或多分支结构 if…elif…else 来实现。

程序代码如下：

```
x=float(input('请输入 x: '))
if x>0:
    y=1
else:
    if x==0:
        y=0
    else:
        y=-1
print(f'输入的 x 为：{x},分段函数 y 的值为：{y}')
```

程序运行结果如图 4.14 所示。

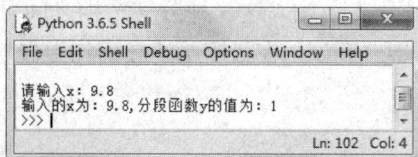

图 4.14　例 4.9 的程序运行结果

一般而言，多分支结构比分支嵌套程序可读性更强，因此能用多分支结构时尽量不要用嵌套。例 4.9 使用多分支结构实现会更好，代码如下：

```
x=float(input('请输入 x: '))
if x>0:
    y=1
elif x==0:
    y=0
else:
    y=-1
print(f'输入的 x 为：{x},分段函数 y 的值为：{y}')
```

例 4.10　客户将积蓄存入银行，存半年的利率为 2.2%，存 1 年的利率为 2.6%，存 3 年以上的利率为 3.2%。设置了一年期自动转存的方式。输入存储年限和存款额，输出到期存款总额（存款总额 = 本金*(1+利率)^{存储年限}）是多少。

程序代码如下：

```
year=int(input('\n 请输入存款期限（年数）: '))
money=float(input('请输入存款额（万元）: '))
rate=0
recount=0
if year>=3:
    rate=3.2
```

```
else:
    if year>=1:
        rate=2.6
    elif year>=0.5:
        rate=2.2
    else:
        rete=0
total=money *((1+rate/100)**year)
print('客户投资{}万，期限{}年，到期总额为：{}万元。'.format(money,year,
round(total,2)))
```

程序运行结果如图 4.15 所示。

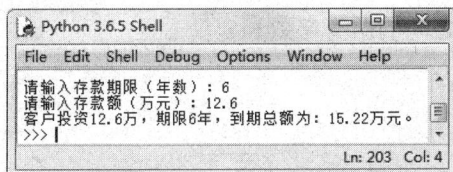

图 4.15　例 4.10 的程序运行结果

4.3　循　环　结　构

生活中总是需要定期或在一定条件下重复做某些事情，如需要把各科成绩一个一个加起来，才能得到总成绩；再如公交车、地铁等交通工具，必须每天往返于始发站和终点站之间；等等。类似这样反复做同一件事情的情况，称为循环。

Python 提供了两种循环结构：while 循环和 for 循环。

4.3.1　while 循环

while 循环通过一个条件表达式来控制是否需要继续反复执行循环体中的语句，一般用于循环次数难以提前确定的情况。while 循环的语法格式如下：

```
while <condition>:
    <loop-body>
```

其中，condition 是条件表达式，loop-body 可以是单条语句或语句块。

执行时，先判断条件表达式，表达式取值为真时，继续执行循环体中的语句，执行完毕后，重新判断条件表达式的返回值，直到表达式的返回结果为假时，退出循环，执行 while 循环后面的语句。

while 循环结构的流程图如图 4.16 所示。

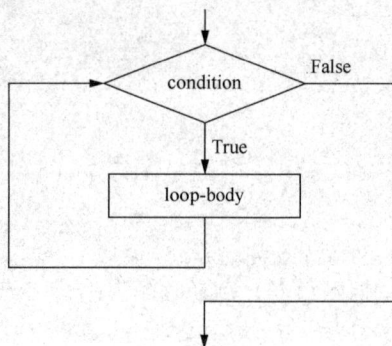

图 4.16　while 循环结构的流程图

例 4.11　求 1~100 之间的所有奇数和。

流程图如图 4.17 所示。

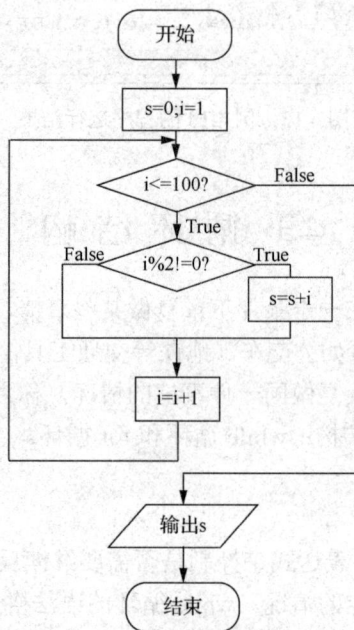

图 4.17　例 4.11 的流程图

程序代码如下：

```
s=0;i=1
while i<=100:
    if i%2!=0:
        s=s+i
    i=i+1
print('s=',s)
```

程序运行结果如图 4.18 所示。

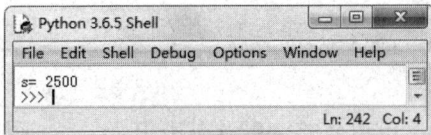

图 4.18　例 4.11 的程序运行结果

例 4.12　输入一个正整数 n，输出 n 的所有因数及因数的个数。

分析：输入一个正整数 n，对于任意属于 1～n 的数 i，如果 i 能整除 n，则 i 是 n 的因数，然后输出因数并计数。

程序代码如下：

```
n=int(input('\n请输入正整数:'))
count,i=0, 1
while i<=n:
    if n%i==0:
        if i!=n:
            print(i,end=',')
        else:
            print(i,'。',end='\n')
        count+=1
    i+=1
print('{}一共有{}个因数。'.format(n,count))
```

程序运行结果如图 4.19 所示。

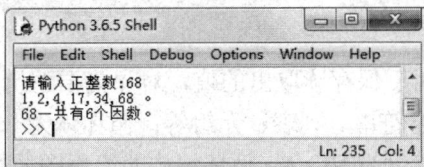

图 4.19　例 4.12 的程序运行结果

> **注意**
>
> while 循环必须在循环体内有控制条件变量 i 不断变化的语句，否则会陷入死循环。

4.3.2　for 循环

for 循环是一个计数循环，一般应用于循环次数已知的情况。在 for 循环中，常用 range()函数创建的整数序列进行计数。

1. range()函数

Python 提供的内置函数 range()，用于生成一系列连续的整数，输出不可变的等差数列，其语法格式如下：

```
range([start,]<end>[,step])
```

参数说明如下:

1) start: 表示开始值，可以省略，默认从 0 开始。

2) end: 表示结束值，不可以省略，注意返回值不包括 end 本身。

3) step: 表示步长，即两个数之间的间隔；可以省略，默认步长为 1。

注意

start、end、step 都必须为整数，如果是小数，则系统会报类型错误（TypeError）。另外，step 不能为 0。

如果 step 为正整数，则 start 要小于 end，产生升序序列；如果 step 为负整数，则 start 要大于 end，产生降序序列。

例如: range(5)等价于 range(0,5)，返回[0,1,2,3,4]，注意不包括 5; range(0,10,3)返回[0,3,6,9]; range(10,1,-2)返回[10,8,6,4,2]。

另外，range()函数返回的是一个可迭代对象（类型是对象），因此直接输出的时候不会输出具体数据序列。

2. for 循环格式及应用

for 循环的语法格式如下:

```
for <loop-variable> in <ord-object>:
    <loop body>
```

其中，loop-variable 用于保存读取出的值，对象为要遍历或迭代的对象，该对象是任何有序的序列对象，如字符串、列表、元组等；循环体为一组被重复执行的语句，可以是一条语句也可以是一个语句块。for 循环结构的流程图如图 4.20 所示。

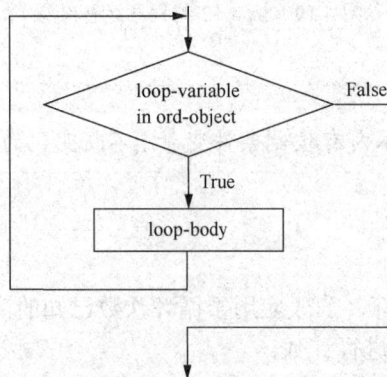

图 4.20　for 循环结构的流程图

例 4.13　输入 10 个数，输出最大数及其输入时的序号（第 1 个最大数）。

分析：先输入一个数作为最大值的初始值，然后每读一个数便和最大数进行比较，若大于当前最大数，则记下此数和序号。

程序代码如下：

```
m=float(input('\n 输入第 1 个实数：'))
index=1
for i in range(2,11):
    num=float(input('输入第'+str(i)+'个实数：'))
    if num>m:
        m=num
        index=i
print('max={},index={}'.format(m,index))
```

程序运行结果如图 4.21 所示。

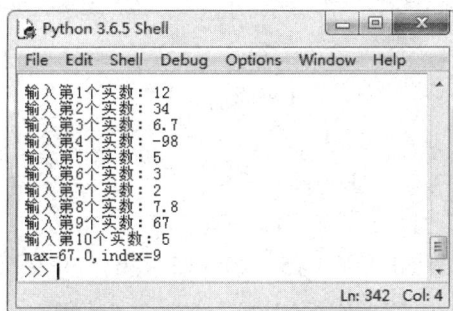

图 4.21　例 4.13 的程序运行结果

例 4.14　输入一个正整数 n，判断是否为素数。如果是素数，则输出"YES"，否则输出"NO"。

分析：只需验证 2～n-1 的正整数中是否有 n 的因数即可。

程序代码如下：

```
n=int(input('输入一个正整数 n：'))
bool=True
for i in range(2,n):
    if n%i==0:
        bool=False
if bool:
    print('YES')
else:
    print('NO')
```

程序运行结果如图 4.22 所示。

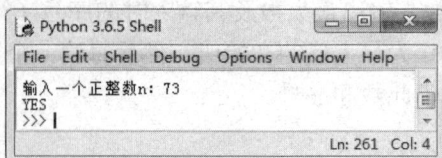

图 4.22　例 4.14 的程序运行结果

4.3.3　循环嵌套

在一个循环体语句中又包含另一个循环结构，称为循环嵌套。在 Python 中，for 循环和 while 循环都可以再嵌套 for 循环或 while 循环，二者也可以互相嵌套。

例 4.15　杨辉三角是二项式系数在三角形中的一种几何排列，最早出现在中国南宋数学家杨辉 1261 年所著的《详解九章算法》一书中。

$$
\begin{array}{ccccccc}
& & & 1 & & & \\
& & 1 & & 1 & & \\
& & 1 & 2 & 1 & & \\
& 1 & 3 & & 3 & 1 & \\
1 & & 4 & 6 & 4 & & 1 \\
\end{array}
$$

```
              1
            1   1
          1   2   1
        1   3   3   1
      1   4   6   4   1
    1   5  10  10   5   1
  1   6  15  20  15   6   1
 …  …  …  …  …  …  …
```

请使用 Python 绘制出行数为 7 的杨辉三角。

分析：观察杨辉三角形的数学规律：第 i 行的数字为：$C_i^0\ C_i^1\cdots\cdots C_i^i$，第 i 行第 j 列上的数字与其前一个数字的关系为

$$
C_i^j = \frac{i!}{j! \times (i-j)!} = \frac{(i-j+1) \times i!}{j \times (j-1)! \times (i-j+1)!} = \frac{(i-j+1)}{j} \times C_i^{j-1}, \ \text{其中，} C_i^0 = 1, \ C_i^i = 1
$$

```python
row=7
print(' '*40,1)                        #第1行单独输出
for i in range(1,row):
    C=1
    print(' '*(40-i*2),C,end=' ')      #杨辉三角形输出到中间位置
    for j in range(1,i):
        C=int(C*(i-j+1)/j)             #保证整数表示
        print(C,end=' ')
print(1)    #每一行的最后一个数 C_i^i
```

程序运行结果如图 4.23 所示。

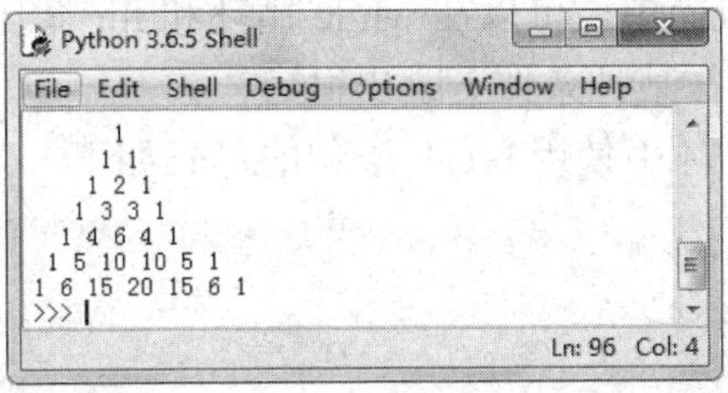

图 4.23　例 4.15 的程序运行结果

例 4.16　鸡兔同笼是中国古代的数学名题之一。大约在 1500 年前,《孙子算经》中就记载了这个有趣的问题:"今有鸡兔同笼,上有三十五头,下有九十四足,问鸡兔各几何?"

分析:鸡有 2 个足,兔有 4 个足。假设鸡有 x 只,兔有 y 只。头一共是 35 个,则 x+y=35;足一共是 94 个,则 x*2+y*4=94,然后求出这两个方程的解就可以了。使用计算机求解方程,没有办法直接找到答案,需要利用循环逐一遍历每一个 x 和 y 的取值。这里使用两个 for 循环来实现。

程序代码如下:

```
for x in range(36):
    for y in range(24):
        if x+y==35 and 2*x+4*y==94:
            print(f'符合条件的鸡为{x}只,兔为{y}只。')
```

程序运行结果如图 4.24 所示。

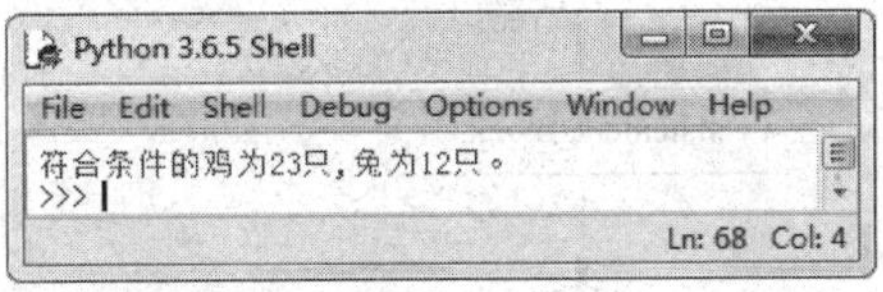

图 4.24　例 4.16 的程序运行结果

4.3.4　break 和 continue 语句

一般情况下,循环结构在循环条件满足时,循环体会一直被执行,直到循环条件不满足。但在一些特殊情况下,希望提前退出循环,也就是在循环结束条件还没有满足,或者循环次数还没有达到设定值的时候,不继续循环,这就可以使用 break 语句和 continue 语句来实现。

1. break 语句

break 语句用于完全终止当前的循环,包括 while 循环和 for 循环。例如,某学生原计划和同学外出玩 1 小时,当他玩了 30 分钟的时候,妈妈打来电话说大学录取通知书寄到了，于是他果断放弃玩耍，飞奔回家，这就相当于使用 break 语句提前终止了循环。

break 语句的语法比较简单，可以在 while 循环和 for 循环的任意位置加入，一般搭配 if 语句一起出现，表示在某种条件下跳出循环。

在 while 循环或 for 循环中使用 break 语句的形式如下：

```
while <condition_1>:
    <statement_block_1>
    if <condition_2>
        break
    <statement_block_2>
```

或

```
for i  in range(n):
    <statement_block_1>
    if <condition_2>
        break
    <statement_block_2>
```

程序执行时，当循环体内的 if 语句的 condition_2 取值为 True 时，会执行 break 语句，循环直接终止，statement_block_2 不会被执行。break 语句执行的流程图如图 4.25 所示。

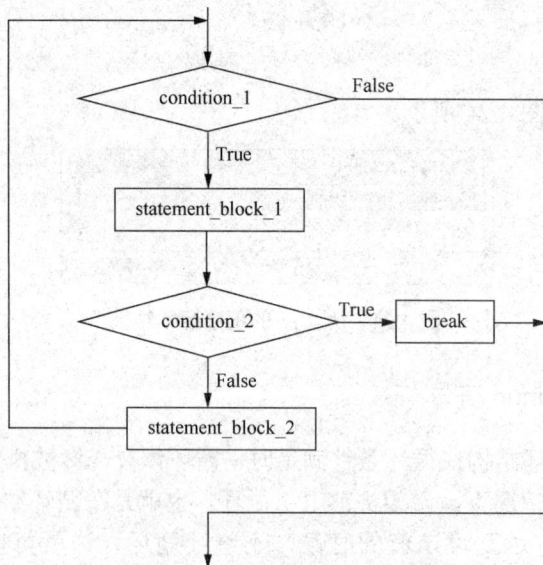

图 4.25　break 语句执行的流程图

例 4.17　循环输入非零正整数，当输入 0 时，结束输入，输出其平均值。

分析：循环输入非零正整数是一个无限循环。在无限循环中加入结束输入的条件，当输入 0 时结束输入，可使用 break 语句来实现。

程序代码如下：

```
sum_1=0
count=0
while True:  #无限循环
    num=int(input('输入一个正整数，以 0 结束:'))
    if num==0:
        break
    sum_1=sum_1+num
    count=count+1
    avg=sum_1/count
print('共输入了{}个整数，平均值为{}'.format(count,round(avg,2)))
```

程序运行结果如图 4.26 所示。

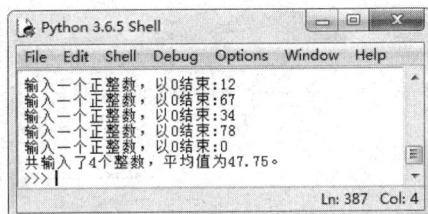

图 4.26　例 4.17 的程序运行结果

2.　continue 语句

continue 语句跳过当前循环后面的代码，直接进行下一次循环。例如，某学生原计划周末连续下 5 盘围棋，当他玩到第 2 盘的过程中，有同学请教数学题，就中止了下第 2 盘棋，待解完数学题，他继续玩第 3 盘棋。这个过程就相当于使用了 continue 语句，跳出了第 2 次循环，直接进行第 3 次循环。continue 语句的语法同 break 语句，可在 while 循环和 for 循环的任意位置加入，一般搭配 if 语句一起出现。

在 while 循环或 for 循环中使用 continue 语句的形式如下：

```
while <condition_1>:
    <statement_block_1>
    if <condition_2>
        continue
    <statement_block_2>
```

或

```
for i  in range(n):
    <statement_block_1>
    if <condition_2>
        continue
    <statement_block_2>
```

程序执行时，当循环体内的 if 语句的 condition_2 取值为 True 时，执行 continue 语句，当次循环将结束，statement_block_2 不会被执行，继续进行下一轮循环。continue 语句执行的流程图如图 4.27 所示。

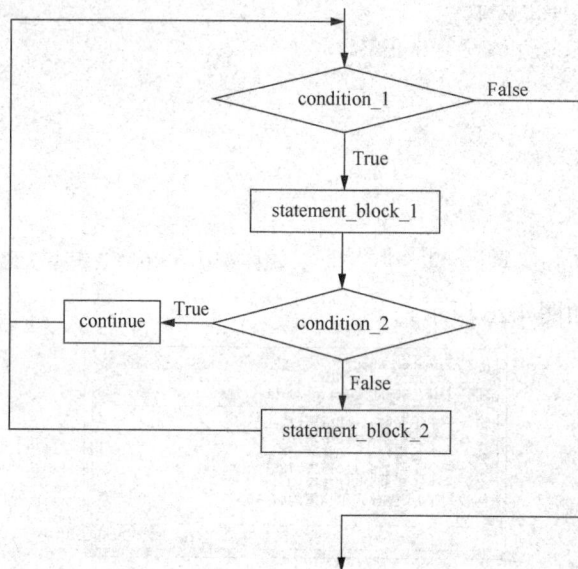

图 4.27　continue 语句执行的流程图

例 4.18　输入一个正整数，输出它的所有因数的和。例如，输入 18，输出 39。
程序代码如下：

```
num=int(input('输入一个正整数：'))
sum_1=num
for i in range(1,int(num/2)+1):
    if num%i!=0:
        continue
    sum_1=sum_1+i
print('数{}的所有因子和为{}。'.format(num,sum_1))
```

程序运行结果如图 4.28 所示。

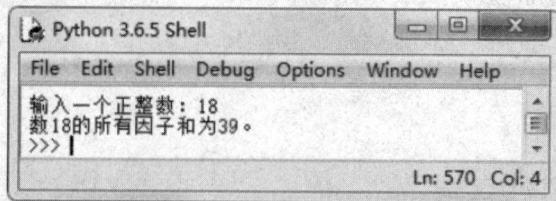

图 4.28　例 4.18 的程序运行结果

4.4 实　验

实验 4.1　输入三个实数，输出最大值。

```
num_1,num_2,num_3=[float(x) for x  in input('输入第三个实数：').split()]
if num_2<num_1:
    num_2=num_1
if num_3<num_2:
    num_3=num_2
print('这三个数的最大值是：',num_3)
```

运行程序并分析程序运行结果。如果输入四个实数，求最大值呢？

实验 4.2　生成 15 个包括 10 个字符的随机密码，密码中的字符只能由大小写字母、数字和特殊字符 "@"、"$"、"#"、"&"、"_" 和 "~" 构成。

程序代码如下：

```
import string
import random
str_1=string.ascii_letters+string.digits+'@$#&_~'
for i in range(15):
    str_2=''.join([random.choice(str_1) for i in range(10)])
    print('随机密码'+str(i+1) +': ',end='')
    print(str_2,end=' ')
    print()
```

运行程序并分析程序的运行结果。

实验 4.3　计算年度数据的最大值、最小值和同比增长率。

根据中国国家统计局国家数据网显示，2019 年至 2021 年 3 年的国民经济核算之国内生产总值如表 4.2 所示。

表 4.2　2019 年至 2021 年国内生产总值

指标	2021 年	2020 年	2019 年
国民总收入/亿元	1133240	1005451	983751
国内生产总值/亿元	1143669.7	1013567	986515.2
第一产业增加值/亿元	83085.5	78030.9	70473.6
第二产业增加值/亿元	450904.5	383562.4	380670.6
第三产业增加值/亿元	609679.7	551973.7	535371
人均国内生产总值/元	80976	71828	70078

请计算国内生产总值最大的年份和最小的年份，同比增长率为多少？

分析：先根据已知的 3 年数据，判断哪一年的数值最大，哪一年的数值最小，记录年份。同比增长率=［（最大-最小）×100/最小］%。最后输出结论。

程序代码如下：

```
product21=1143669.7
product20=1005451
product19=986515.2
if product19<=product20:
    max_pd=product20
    min_pd=product19
    max_year=2020
    min_year=2019
else:
    max_pd=product19
    min_pd=product20
    max_year=2019
    min_year=2020
if max_pd<=product21:
    max_pd=product21
    max_year=2021
else:
    if min_pd>product21:
        min_pd=product21
        min_year=2021
rate=(max_pd-min_pd)/min_pd*100
print('{}年的国内生产总值最高，为{}'.format(max_year, max_pd))
print('{}年的国内生产总值最低，为{}'.format(min_year, min_pd))
print('{}年相对于{}年的国内生产总值增长{:.2f}%'.format(max_year, min_year,
rate))
```

运行程序并分析程序的运行结果。

实验 4.4　成绩的百分制、五分制和等级转换。

现实生活中，经常遇到分数转换的问题。假设学生的语文、数学、英语 3 门课程是百分制成绩，要求计算出这 3 门课程的平均值，再根据表 4.3 将百分制成绩转换成五分制成绩，并输出"优、良、中、较差、非常差" 5 个等级。

表 4.3　百分制成绩、五分制成绩、等级对应表

百分制成绩/分	等级	五分制成绩/分
90~100	优	5
80~89	良	4
70~79	中	3
60~69	较差	2
0~59	非常差	1

分析：这是典型的多分支结构。计算平均成绩后，使用 if…elif…else 结构将成绩分别和给定的分数段匹配，若满足表达式，则输出该分值段对应的五分制成绩，以及对应的等级。

程序代码如下：

```
iscore1=float(input('请输入语文成绩：'))
iscore2=float(input('请输入数学成绩：'))
iscore3=float(input('请输入英语成绩：'))
score=(iscore1+iscore2+iscore3)/3
print('平均成绩', score)
if score<0 or score>100:
    print('成绩错误！')
else:
    if 90<=score<=100:
        degree="优"
        s5=int(score/10)-4
    elif 80<=score<90:
        degree="良"
        s5=int(score/10)-4
    elif 70<=score<80:
        degree="中"
        s5=int(score/10)-4
    elif 60<=score<70:
        degree="较差"
        s5=int(score/10)-4
    else:
        degree="非常差"
        s5=1
    print('五分制成绩为：', s5)
    print('成绩等级为：', degree)
```

运行程序并分析程序的运行结果。

如果输入 5 名学生的语文、数学、英语 3 门课程的百分制成绩，输出学生的五分制成绩和成绩等级，应如何编程实现呢？

实验 4.5　计算 2000 年到 2050 年之间，一共有多少个闰年。

判断闰年的方法是"四年一闰，百年不闰，四百年再闰"。意思是说，如果年份能被 4 整除但不能被 100 整除或年份能被 400 整除，则该年份为闰年。

分析：计算 2000 年到 2050 年之间有多少个闰年，可以使用 for 循环遍每一年，若是闰年则计数加 1，用字符串记录年份，最后一起输出。

程序代码如下：

```
count=0
syear=''
```

```
for year in range(2000,2051):
    if year%4==0 and year%100!=0 or year%400==0:   #是闰年
            count=count+1
            syear=syear+str(year)+' '
print(f'2000年到2050年之间一共有{count}个闰年')
print(f'分别是：{syear}')
```

运行程序并分析程序的运行结果。

也可以使用嵌套的 if 语句对这 3 个条件逐一判断，首先判断是否能被 4 整除，如果不能，则不是闰年；再判断能否被 100 整除，如果不能，则是闰年；如果能被 100 整除，再判断能否被 400 整除，如果能整除，则是闰年，否则不是闰年。编写程序实现上述功能。

实验 4.6　统计字符串中各类字符的个数。

字符串中有大写字符、小写字符、数字。可以遍历字符串中的每个字符，分别判断所属类型，对应计数个数加 1，直至遍历结束。

程序代码如下：

```
str_1=input('请输入字符串：')
digit,upper,lower,space,other=0,0,0,0,0   #数字、大写字符、小写字符、空格、其他字符的个数
for letter in str_1:
    if letter.isdigit():
        digit+=1
    elif letter.isupper():
        upper+=1
    elif letter.islower():
        lower+=1
    elif letter.isspace():
        space+=1
    else:
        other+=1
print(f'数字字符有：{digit}个')
print(f'大写字符有：{upper}个')
print(f'小写字符有：{lower}个')
print(f'空格字符有：{space}个')
print(f'其他字符有：{other}个')
```

假如输入字符串"Hello everyone.Time is money.Don't let your dreams be dreams..#11"，运行程序并分析程序的运行结果。

实验 4.7　猜数游戏。

程序随机生成一个 0～100 的整数，由玩家去猜。玩家有 8 次机会，如果猜中则提示"恭喜，您猜中了！"并结束程序。如果猜的数比设定的数大或小，都做出相应的提示，继续猜。如果没在 8 次之内猜中数字，则提示"尝试次数过多，猜数失败！"并结

束程序。

分析：玩家猜的数字使用 input()函数输入，和已经生成的随机数对比，一致则结束程序，不一致则重新猜。有 8 次猜数机会，就说明可以循环 8 次。

程序代码如下：

```
import random
cor=random.randint(0,100)
count=0
while True:
    num=int(input("请输入 0～100 的整数："))
    count+=1
    if num==cor:
        print(f'恭喜，您猜中了！')
        break
    elif num > cor:
        print('您猜的数偏大')
    elif num < cor:
        print('您猜的数偏小')
    if count > 8:
        print(f'尝试次数过多，猜数失败！')
        Break
```

运行程序并分析程序的运行结果。

实验 4.8　使用"*"号拼出如下所示的三角形。

```
          *
         ***
        *****
       *******
      *********
     ***********
      *********
       *******
        *****
         ***
          *
```

分析：这是一个顺时针旋转 90°的等腰三角形，由上、下两部分组成。上面的三角形"*"依次增多，下面的三角形"*"依次减少。最多一行的"*"有 11 个，上、下每行依次减少 2 个。这样可以使用两组循环嵌套分别实现上、下两个三角形，再拼成最终的图形。

程序代码如下：

```
for i in range(1,12,2):        #第一个三角形，行
    for j in range(i):         #列
        print('*',end='')
    print()
for i in range(9,0,-2):        #第二个三角形，行
    for j in range(i):         #列
        print('*',end='')
    print()
```

运行程序并分析程序的运行结果。

实验 4.9　分隔分号 ";" 连接的多个网址。

假设有一个字符串，记录了多个网址，每个网址之间用分号分隔，如 "http://www.Python.org;https://www.baidu.com/;https://pypi.org/;"。分隔出每个网址，让每个网址占一行输出，便于阅读。

分析：网址用分号分隔，遍历字符串，输入每一个字符，每遇到分号，就用 continue 跳过，继续输入下一个字符。

程序代码如下：

```
str="http://www.Python.org;https://www.baidu.com/;https://pypi.org/;"
count=0
for s in str:
    if s==";" :
        count=count+1
        print(f"\n 是第{count}个正确的子串。")
        continue #跳转到下一次循环
    print(s,end="")  #输当前字符 s, end=""不用换行
print("循环体外的代码")
```

运行程序并分析程序的运行结果。

习　题

一、选择题

1. 关于 Python 的分支结构，下列选项中描述错误的是（　　　）。

    A. 分支结构使用 if 保留字

    B. Python 中 if…else 语句用来形成二分支结构

    C. Python 中 if…elif…else 语句描述多分支结构

    D. 分支结构可以向已经执行过的语句部分跳转

2.（　　　）是实现多分支的最佳控制结构。

    A. if　　　　　　　　B. if…elif…else　　C. try　　　　　　　　D. if…else

3．下列 Python 关键字中，不用于表示分支结构的是（　　）。

    A．if   B．elif   C．else   D．in

4．下列选项中，描述正确的是（　　）。

    A．条件 35<=45<75 是合法的，且输出为 False

    B．条件 24<=28<25 是合法的，且输出为 False

    C．条件 24<=28<25 是不合法的

    D．条件 24<=28<25 是合法的，且输出为 True

5．下列 if 语句用于统计成绩（score）优秀的男生及不及格的男生的人数，正确的语句是（　　）。

    A．if(gender =='男' and score<60 or score>=90): n+=1

    B．if(gender =='男' and score < 60 and score>=90): n+=1

    C．if(gender =='男' and (score < 60 or score>=90)): n+=1

    D．if(gender =='男' or score<60 or score>=90): n+=1

6．下列 Python 语句正确的是（　　）。

    A．min = x if x < y else y   B．max = x > y ? x : y

    C．if(x > y) print x   D．while True : pass

7．下列 for 语句结构中，（　　）不能完成 1～10 的累加功能。

    A．for i in range(10,0): total+= i

    B．for i in range(1,11): total+= i

    C．for i in range(10,0,-1): total+=i

    D．for i in (10,9,8,7,6,5,4,3,2,1): total+= i

8．关于 break 语句与 continue 语句的说法中，不正确的是（　　）。

    A．当存在多层循环时，break 语句只作用于语句所在层的循环

    B．continue 语句类似于 break 语句，也必须在 for、while 循环中搭配 if 分支语句使用

    C．continue 语句用于结束本次循环，继续进入下一次循环

    D．break 语句用于结束循环，继续执行循环语句的后续语句

二、填空题

1．分支结构含有 if、_____、_____ 3 个关键字。

2．若 n=10，语句"if n==5:n=n-1"执行后，n 的值为_____。

3．执行循环语句"for i in range(1,5):pass"后，变量 i 的值为_____。

4．循环语句"for i in range(-3,21,4)"的循环次数为_____。

5．若 k 为整数 1000，则下列 while 循环执行的次数为_____。

```
k=1000
while k>1:
    print(k)
    k=k//2
```

6. 循环语句 "for i in range(6,-4,-2):" 循环执行_____次，循环变量 i 的终值应当为_____。

7. 在 Python 中，while True:的循环体中可以使用_____语句退出循环。

8. 在循环语句中，_____语句的作用是提前结束本层循环。

三、阅读程序题

1. 执行下列 Python 语句后，生成的结果为_____。

```
x=10
y='10'
if(x==y):
    print('Equal')
else:
    print('Not Equal')
```

2. 下列 Python 语句的运行结果是_____。

```
x=False;y=True;z=False
if x or y and z:
    print('yes')
else:
    print('no')
```

3. 下列程序的输出结果是_____。

```
for i in range(1,21,5):
    print(i, end=' ')
```

4. 下列程序的输出结果是_____。

```
for i in range(10,1,-2):
    if i==6:
        continue
    print(i)
```

四、程序填空题

1. 下列程序的功能是：输出 8~20 之间的 i，完成如下填空。

```
i=0
while(True):
    i+=1
    if _____: print('输出 i: ', i)
    if _____: break
```

2. 下列程序的功能是：通过键盘输入若干名学生的成绩，统计并输出最高成绩和最低成绩，当输入负数时结束，完成如下填空。

```
score=float(input('\n输入学生成绩，负数结束: '))
```

```
s_max=s_min=score
while score>=0:
    if _____:
        s_max=score
    if score<s_min:
        _____
    score=float(input('\n 输入学生成绩，负数结束：'))
print('输入的最高成绩为{}，最低成绩为{}。'.format(s_max,s_min))
```

五、编程题

1．输入一个正整数，判断其奇偶性，输出结果。如果输入的不是正整数，则提示"输入为非法数据"。

2．输入一个四位正整数，将第一位与第四位、第二位与第三位互换。

3．输入两个正整数，输出它们的最大公约数。

4．输出如下图形。

```
        *
       ***
      *****
     *******
    *********
```

5．利用循环嵌套输出如下乘法口诀表。

```
1*1=1
2*1=2   2*2=4
3*1=3   3*2=6   3*3=9
4*1=4   4*2=8   4*3=12   4*4=16
...
9*1=9   9*2=18   9*3=27   9*4=36   ...   9*9=81
```

第 5 章　Python 的组合数据类型

基本数据类型提供了单个数据的存储、操作方式，但当数据量较大时，就需要特定的数据结构来组织数据。本章主要介绍 Python 中设置的列表、元组、字典、集合 4 种组合数据类型，使用统一的形式管理多个同类型或不同类型的数据。

5.1　组合数据类型概述

列表、元组、字典、集合 4 种类型的数据结构都可以组织大量数据，但不同的结构所表现出来的定义、操作方式有所差异。较容易识别的特征是，列表类型定义数据使用方括号 "[]" 括起来，字典和集合类型定义数据使用花括号 "{}" 括起来，而元组类型定义数据则是使用圆括号 "()" 括起来，其中字典中的元素使用 ":" 符号建立键（key）与值（value）之间的对应关系。

列表是 Python 中最常用的组合数据类型，它是一个可变序列，序列中的每个元素用索引来表示它的位置。第一个元素的索引是 0，第二个元素的索引是 1，以此类推，最后一个元素的索引为列表长度 n-1。列表中的元素可以是基本数据类型的整数、浮点数等，也可以是组合数据类型的列表、字典等。

元组与列表相似，不同之处在于元组的元素是不可以修改的，它是一个不可变序列。序列中的元素也是通过索引来表示位置的，元组的元素类型可以是基本数据类型，也可以是组合数据类型。由于元组是不可变的，因此它的应用没有列表那么广泛，通常在定义无须修改的数据时使用元组，如国家名、地名等。

字典也是 Python 中常用的组合数据类型。与列表类似，字典是另外一种可存储任意类型的数据，并且字典存储的数据是可以修改的。不同于列表的是，字典中的每个基本元素都包括两个部分：键和值。字典最大的优势就是能在海量数据中通过键快速查找对应的值，键不允许重复。字典是无序的，所以同一字典，每次输出的排序可能是不同的。

集合更接近数学意义上集合的概念。每一个集合中的元素是无序的、不重复的、任意的数据类型。可以通过集合去判断数据的从属关系。例如，集合取交集、取并集、取差集，判断一个集合是不是另一个集合的子集或父集等。可以通过集合把组合数据类型中重复的元素删除，去除冗余数据。

Python 提供了丰富的数据类型，可以满足不同编程的需要，基本数据类型和组合数据类型是编程的基础，灵活、适当地选择数据类型可以提高程序处理数据的效率，以及增加代码的可读性。

5.2　列　表

列表是一系列元素按一定顺序排列组成的。列表元素是有序的、可变的，对元素的操作可以通过索引完成。

5.2.1　创建列表

Python 中创建列表的语法形式有多种，使用方括号 "[]" 创建列表是最常见的形式，也可以使用 list() 函数、range() 函数、推导式创建列表，列表中的元素使用逗号 "," 分隔。创建列表的语法格式如下：

1. 使用方括号 "[]" 创建列表

```
<list_name>=[<element_1>,<element_2>,…,<element_n>]
```

2. 使用 list() 函数创建列表

（1）创建空列表

```
<list_name>=list()|[]
```

（2）创建以字符为元素的列表

```
<list_name>=list(<string>)
```

3. 使用 list() 函数与 range() 函数创建列表

```
<list_name>=list(range([<start_value>,]<end_value>[,<step>]))
```

4. 使用推导式创建列表

```
<list_name>=[<expression> for <variable> in <range([<start_value>,]
<end_value>[, <step>])> [if <condition>]]
```

例 5.1　创建列表。

```
#用[]定义列表，成绩为嵌套列表
>>> lst1=['No01','张明芳','女',21,[86,90,74,88,62]]
>>> print(lst1)
['No01', '张明芳', '女', 21, [86, 90, 74, 88, 62]]
>>> lst2=list('我爱中国！')          #字符串转换为列表
>>> print(lst2)
['我', '爱', '中', '国', '！']
>>> lst3=list(range(1,10,2))      #list()函数与range()函数结合创建列表
>>> print(lst3)
```

```
[1, 3, 5, 7, 9]
>>> lst4=[x**2 for x in range(10) if(x%2==0)]  #推导式创建列表
>>> print(lst4)
[0, 4, 16, 36, 64]
```

在创建列表时，列表的元素也可以是列表，这样就形成了列表的嵌套定义，多维数组便可以使用列表嵌套的形式来创建。

例 5.2 创建嵌套列表。

```
>>>lst_s=[['No01','张明芳','女',21,'金融系'],['No02','王晓杰','女',21,'会
计系'],['No03','刘兴胜','男',22,'金融系'],['No04','李玉普','男',23,'会计系']]
>>> print(lst_s)
[['No01', '张明芳', '女', 21, '金融系'], ['No02', '王晓杰', '女', 21, '会
计系'], ['No03', '刘兴胜', '男', 22, '金融系'], ['No04', '李玉普', '男', 23,
'会计系']]
```

5.2.2 访问列表

访问列表是列表最常见的操作。由于列表是有序的，可以按索引访问元素，也可以按项访问元素。访问列表的语法格式如下：

1. 访问列表中的单个元素

```
<list_name>[<index>]
```

2. 访问列表中的所有元素

（1）显示列表中的所有元素

```
print(<list_name>)
```

（2）按索引访问列表中的元素

```
for <index> in range(len(list_name)):
    print(list_name[index])
```

（3）按项访问列表中的元素

```
for <variable> in <list_name>:
    print(<variable>)
```

例 5.3 访问列表元素。

```
>>> lst1=['No01','张明芳','女',21,[86,90,74,88,62]]
>>> print('lst1 中的第 2 个元素为：',lst1[1])  #按索引访问列表中的元素
lst1 中的第 2 个元素为：张明芳
>>> print('第 3 门课的成绩为：',lst1[4][2])    #按索引访问嵌套列表中的元素
第 3 门课的成绩为：74
```

```
>>> lst1=['No01','张明芳','女',21,[86,90,74,88,62]]
>>> for item in lst1:
        print(item,end=' ')          #按项访问列表中的所有元素
No01 张明芳 女 21 [86, 90, 74, 88, 62]
>>> for i in range(len(lst1)):
        print(lst1[i],end=',')    #按索引访问列表中的所有元素
No01,张明芳,女,21,[86, 90, 74, 88, 62],
```

列表除可以按正向索引从 0 下标开始访问外，也可以逆向索引访问，即指定列表最后一个元素索引下标为-1。这种访问形式很实用，当未知列表长度的情况下，可以从后向前依次访问列表元素。例如，索引-1 返回列表中的最后一个元素，索引-2 返回倒数第 2 个列表元素……以此类推。

5.2.3　修改列表元素

列表是可变的序列，创建列表后可以修改列表元素。例如，一名学生升学时，"市级三好学生"奖励 5 分，这时存储该学生成绩的列表需要修改成绩。修改列表元素的语法格式如下：

```
<list_name>[<index>]=<new_element>
```

用新元素值替换指定索引位置的旧元素值，既可以修改某个指定索引对应的列表元素值，也可以修改指定索引范围内的若干个列表元素值。如果给定的新值个数少于指定范围内的元素值个数，则相当于删除元素值；如果给定的新值个数多于指定范围内的元素值个数，则相当于增加元素值。例如，list1[i:j]是指列表中的第 i~j-1 个元素，不包括第 j 个元素，正向索引从 0 开始递增，逆向索引从-1 开始递减；如果省略 i，则默认从 0 开始，如果省略 j，则默认到最后一个元素结束，包括最后一个元素。

例 5.4　修改列表元素。

```
>>> lst1=['No01','张铭芳','女',21,[86,90,74,88,62]]
>>> lst1[1]='张明芳'              #修改学生名字
>>> print(lst1)
['No01', '张明芳', '女', 21, [86, 90, 74, 88, 62]]
>>> lst1[4][3]=lst1[4][3]+5 #第 4 门课增加 5 分
>>> print(lst1)
['No01', '张明芳', '女', 21, [86, 90, 74, 93, 62]]
course=['金融学','投资学','保险学','会计学','微观经济学','宏观经济学','计量经
济学','金融工程学','国际金融']
>>> course[2:6]=['保险学']
>>> print(course)
['金融学', '投资学', '保险学', '计量经济学', '金融工程学', '国际金融']
>>> course[2:3]=['保险学','会计学','微观经济学','宏观经济学']
>>> print(course)
['金融学','投资学','保险学','会计学','微观经济学','宏观经济学','计量经济学',
```

'金融工程学','国际金融']

5.2.4 插入列表元素

列表创建后也可以插入新元素。例如，增加某个学生的信息，需要在列表的末尾或中间插入相应的数据。插入列表元素的语法格式如下：

1. append()函数

```
<list_name>.append(<element>)
```

将新元素"element"追加到列表"list_name"的末尾。

2. insert()函数

```
<list_name>.insert(<index>,<element>)
```

将新元素"element"插入列表"list_name"的 index 索引位置。如果指定的索引位置在列表中不存在，也就是超出列表的索引范围，这时新元素会被强制存储在列表的末尾。

例 5.5 在列表中添加元素。

```
>>> lst1=['No01','张明芳','女',21,[86,90,74,88,62]]
>>> lst1.append('天津')    #在最后添加籍贯"天津"元素
>>> print(lst1)
['No01', '张明芳', '女', 21, [86, 90, 74, 88, 62], '天津']
>>> lst1.insert(4,'大三')  #在第 5 个位置上增加年级"大三"元素
>>> print(lst1)
['No01', '张明芳', '女', 21, '大三', [86, 90, 74, 88, 62], '天津']
```

5.2.5 删除列表元素

也可以删除列表中的一个或多个元素。例如，一名学生转学，需要从学生列表中将其信息删除。删除列表元素的语法格式如下：

1. remove()函数

```
<list_name>.remove(<element>)
```

remove()函数用于删除指定元素，但不返回删除元素，此函数只删除第一个出现的指定值，如果要删除多次出现的指定值，则需要使用循环多次执行 remove()函数。

2. pop()函数

```
<list_name>.pop([index])
```

将列表以栈的结构进行访问，不传递参数时可以直接删除栈顶元素，即列表末尾元素，或者指定删除元素的索引位置，pop()函数会返回删除的元素。

3．clear()函数

```
<list_name>.clear()
```

clear()函数用于清空列表中的所有元素，返回一个空列表。

4．del 命令或 del()函数

```
del <list_name>[[[<start>:]<end>]]|del(<list_name>[[[<start>:]<end>]])
```

一般通过索引或索引范围删除列表元素，没有返回值，确定删除的元素不再使用时，可以用这种形式。del 命令或 del()函数直接加列表名，表示删除整个列表，删除后的列表无法再访问。

例 5.6　删除列表元素。

```
>>> lst1=['No01','张明芳','女',21,[86,90,74,88,62]]
>>> lst1.remove('女')    #删除性别项
>>> print(lst1)
['No01', '张明芳', 21, [86, 90, 74, 88, 62]]
>>> lst1.pop()           #删除最后一项
[86, 90, 74, 88, 62]
>>> print(lst1)
['No01', '张明芳', 21]
>>> del lst1[1:3]        #连续删除几项
>>> print(lst1)
['No01']
```

5.2.6　列表的其他操作

元素的增加、删除、修改、查找只是列表最基本的操作，除此之外，还有支持列表更复杂操作的函数。例如，求列表最值、列表排序、列表求和等，表 5.1 和表 5.2 列举了能够操作列表的函数。

表 5.1　操作列表的函数（1）

函数名	函数功能
lst.index(element,[start,[stop]])	返回列表 lst 中与指定 element 参数相匹配的第一个元素的索引下标，判断的起始位置是 start，结束位置是 stop，这两个参数为可选项
lst.count(element)	返回列表 lst 中与指定 element 参数相匹配的元素个数
lst.sort([reverse=bool])	对列表 lst 进行升序排列，改变原有列表的排序，reverse 默认取值为 False，此函数的返回值为 None
lst.reverse()	对列表 lst 进行逆序排列，改变原有列表的排序，此函数的返回值为 None
lst.extend(object)	在列表 lst 末尾连接 object 中的元素，会改变原有列表，此函数的返回值为 None
lst.copy()	复制列表 lst，返回一个与 lst 元素完全相同的列表

表 5.2　操作列表的函数（2）

函数名	函数功能
len(lst)	返回列表 lst 的长度
max(lst)	返回列表 lst 中的最大值
min(lst)	返回列表 lst 中的最小值
sum(lst)	返回列表 lst 中所有元素的和
reversed(lst)	对列表 lst 进行逆序，返回一个新的逆序列表
sorted(lst,[reverse=bool])	对列表 lst 进行升序排列，返回一个新的有序列表，reverse 默认取值为 False

表 5.1 与表 5.2 中函数的调用方法不同：表 5.1 中的函数是列表对象的方法，需要通过“列表名.函数名()”的形式访问；表 5.2 中的函数为 Python 内置函数，直接用“函数名”调用，参数为列表。

表 5.1 与表 5.2 中函数的调用结果也不同：表 5.1 中列表方法调用后，会改变原列表的值；表 5.2 中的函数调用后不会改变原列表的值，因为它创建了一个副本，基于副本进行操作。例如，要保持列表中原有元素不变，实现列表排序，可用 sorted()函数；用 lst.sort()函数，原列表的顺序会发生改变。

例 5.7　操作列表函数示例。

```
>>> lst2=[86,90,74,88,62]
>>> lst2_sum=sum(lst2)                    #计算列表中各元素的累加和
>>> print(lst2_sum)
400
#对列表 lst2 中的元素排序，得到新列表 lst2_sort
>>> lst2_sort=sorted(lst2,reverse=True)
>>> print(lst2_sort)
[90, 88, 86, 74, 62]
#对列表 lst2 进行逆序排列，得到新列表 lst2_rever
>>> lst2_rever=list(reversed(lst2))
>>> print(lst2_rever)
[62, 88, 74, 90, 86]
```

表 5.2 中的函数都可以对列表进行直接操作，需要将列表作为参数传递，有些函数还可以传递更多的参数以实现更复杂的功能。

5.2.7　列表运算

除了可以使用函数对列表进行操作外，Python 还提供了丰富的运算符，包括连接运算符、成员测试运算符、切片运算符等，如表 5.3 所示。

表 5.3 列表运算符

运算符	功能
+	lst1+lst2：将列表 lst1 和列表 lst2 进行连接，运算结果为一个新列表
*	lst1*n 或 n*lst1：将列表 lst1 连接 n 次，运算结果为一个新列表
in	element in lst1：element 是列表 lst1 中的元素，运算结果为 True，否则为 False
not in	element not in lst1：element 不是列表 lst1 中的元素，运算结果为 True，否则为 False
[]	lst1[i]：定位列表 lst1 中索引为 i 的元素
[::]	lst1[i:j:k]：切片操作，返回列表中索引从 i 开始，到 j-1 结束（不包括 j），步长为 k 的若干个元素组成的列表。省略 i 时，索引默认从 0 开始；省略 j 时，默认到最后一个元素结束，包括最后一个元素；省略 k 时，默认步长值为 1，此时可同时省略 k 前面的冒号

切片操作可以对列表的一部分元素进行操作，这不同于前面函数的单个或整体操作，使对列表的操作更加灵活。

例 5.8 列表运算符示例。

```
>>> lst3=[['No01','张明芳','女','20','金融系','天津'],['No02','王晓杰','女',
21,'会计系','河北']]
>>> lst4=[['No03','刘兴胜','男',22,'金融系','山西']]
>>> lst3_4=lst3+lst4   #把两个列表连接成一个新列表 lst3_4
>>> print(lst3_4)
[['No01', '张明芳', '女', '20', '金融系', '天津'], ['No02', '王晓杰', '女',
21, '会计系', '河北'], ['No03', '刘兴胜', '男', 22, '金融系', '山西']]
>>> print(['No02', '王晓杰', '女', 21, '会计系', '河北'] in lst3)
True
>>> print('张明芳' in lst3[0])
True
```

5.3 元 组

元组可以看作是具有固定值的列表，对元组的访问与列表类似，但元组创建后不能修改。元组是包含 0 个或多个元素的不可变组合数据类型，其中任何元素都不能被修改或删除。

5.3.1 创建元组

创建元组的方法很简单，只需要在圆括号"()"中添加元素，并使用逗号","分隔即可。元组创建后，就可以使用索引来访问其中的元素，这一点与访问列表元素类似。创建元组的语法格式如下：

1. 使用圆括号"()"创建元组

```
<tuple_name>=(<element_1>,<element_2>,…,<element_n>)
```

2. 使用 tuple()函数创建元组

（1）创建空元组

```
<tuple_name>=tuple()|()
```

（2）创建以列表、字符串为元素的元组

```
<tuple_name>=tuple(<list_name>|<string>)
```

3. 使用 tuple()函数与 range()函数创建元组

```
<tuple_name>=tuple(range([<start_value>,]<end_value>[,<step>]))
```

4. 使用 tuple()函数与推导式创建元组

```
<tuple_name>=tuple(<expression> for <variable> in <range([<start_value>,]
<end_value> [,<step>])> [if <condition>])
```

当创建的元组中只包含一个元素时，需要在元素后面添加逗号，否则圆括号会被当作运算符使用。

例 5.9　创建元组。

```
>>> tup1=('No01','张明芳','女','20','金融系','天津') #创建元组
>>> print(tup1)
('No01', '张明芳', '女', '20', '金融系', '天津')
>>> tup2=(36,) #创建只有一个元素的元组
>>> print(tup2)
(36,)
>>> tup3=tuple(['No01','张明芳','女',21,[86,90,74,88,62]]) #利用列表创建元组
>>> print(tup3)
('No01', '张明芳', '女', 21, [86, 90, 74, 88, 62])
#利用 tuple()函数与 range()函数创建元组
>>> tup4=tuple(i for i in range(10,30,5))
>>> print(tup4)
(10, 15, 20, 25)
>>> lst1=['No01', '张明芳', '女', 21, [86, 90, 74, 88, 62]]
#成绩小于 80 分的增加 5 分，并生成新元组
>>> tup5=tuple(i+5 for i in lst1[4] if i<80)
>>> print(tup5)
(79, 67)
```

5.3.2　访问元组

访问元组就是读取元组中的元素。由于元组是有序的，访问元组元素时可以按索引

读取，也可以按项读取。访问元组的语法格式如下：

1. 访问元组中的单个元素

```
<tuple_name>[<index>]
```

2. 访问元组中的所有元素

（1）按索引访问元组中的元素

```
for <index> in range(len(<tuple_name>)):
    print(<tuple_name>[index])
```

（2）按项访问元组中的元素

```
for <variable> in <tuple_name>:
    print(<variable>)
```

例 5.10　访问元组中的元素。

```
>>> tup1=('No01','张明芳','女','20','金融系','天津')
>>> print(tup1[3])
20
>>> for i in range(len(tup1)):      #按索引访问元组中的元素
        print(tup1[i],end=',')
No01,张明芳,女,20,金融系,天津,
>>> for item in tup1:               #按项访问元组中的元素
        print(item,end=' ')
No01 张明芳 女 20 金融系 天津
```

5.3.3　元组操作

由于元组是不可变组合数据类型，因此没有类似列表的增加、删除、修改元素操作，只能对元组元素进行查找。元组可以直接调用的函数有 index() 和 count()，其功能描述如表 5.4 所示。

表 5.4　元组函数的功能

函数名	功能
tup.index(element,[start,[stop]])	返回元组 tup 中与指定 element 参数相匹配的第一个元素的索引下标，判断的起始位置是 start，结束位置是 stop，这两个参数为可选项
tup.count(element)	返回元组 tup 中与指定 element 参数相匹配的元素个数

元组中的元素虽然不能改变，但可以给元组重新赋值一个新的元组，如 old_tup= new_tup，或者使用 del 命令清除内存中的某个元组，清除后的元组在程序中无法访问。

对元组操作的函数与对列表操作的函数类似，各函数功能描述如表 5.5 所示。

表 5.5　操作元组的函数

函数名	功能
len(tup)	返回元组 tup 的长度
max(tup)	返回元组 tup 中的最大值
min(tup)	返回元组 tup 中的最小值
sum(tup)	返回元组 tup 中所有元素的和
reversed(tup)	对元组 tup 进行逆序排列，返回一个新的逆序元组，可以和 tup() 函数联合起来得到元组
sorted(tup,[reverse=bool])	对元组 tup 进行升序排列，返回一个新的有序元组，reverse 默认取值为 False

例 5.11　操作元组示例。

```
>>> tup1=('No01','张明芳','女','20','金融系','天津')
>>> print(len(tup1))
6
>>> print(tup1[1:5])
('张明芳', '女', '20', '金融系')
>>> print(tup1[-2])
金融系
>>> tup2=(86, 90, 74, 88, 62)
>>> print('min=',min(tup2),' max=',max(tup2),' sum=',sum(tup2))
min=62  max=90  sum=400
```

5.3.4　元组运算

元组可以使用 "+" 和 "*" 运算符进行连接，这使元组可以进行组合和复制操作，运算后会生成一个新的元组。由于元组是一个有序序列，因此可以通过切片操作截取索引范围内的一部分元素。元组运算符如表 5.6 所示，与列表运算符用法非常类似，读者可参照例 5.8 进行练习，此处不再赘述。

表 5.6　元组运算符

运算符	功能
+	tup1+tup2：将元组 tup1 和元组 tup2 进行连接，运算结果为一个新元组
*	tup1*n 或 n*tup1：将元组 tup1 连接 n 次，运算结果为一个新元组
in	element in tup1：element 是元组 tup1 中的元素，运算结果为 True，否则为 False
not in	element not in tup1：element 不是元组 tup1 中的元素，运算结果为 True，否则为 False
[]	tup1[i]：定位元组 tup1 中索引为 i 的元素
[::]	tup1[i:j:k]：切片操作，返回元组中索引从 i 开始，到 j-1 结束（不包括 j），步长为 k 的若干个元素组成的元组。省略 i 时，默认从 0 开始；省略 j 时，默认到最后一个元素结束，包括最后一个元素；省略 k 时默认步长值为 1，此时可同时省略 k 前面的冒号

5.3.5 列表与元组的转换

元组与列表之间是可以相互转换的。如果要修改元组的元素值，则可以将元组转换为列表，修改后，再将列表转换为元组。实现列表和元组相互转换的函数是 tuple()和 list()，其中的参数分别为被转换的列表和元组。

例 5.12 学生的基本信息一般是不会变化的，如学号、姓名、性别、身份证号、籍贯等，因此，常常利用元组进行存储。但有时也需要修改信息，如某人因某种原因改名了。假设 tup1=('No01','张明芳','女','20','金融系','天津')，将姓名修改为"张铭芳"。

程序代码如下：

```
>>> tup1=('No01','张明芳','女','20','金融系','天津')
>>> tup1_lst=list(tup1)
>>> tup1_lst[1]='张铭芳'
>>> tup1_N=tuple(tup1_lst)
>>> print(tup1_N)
('No01', '张铭芳', '女', '20', '金融系', '天津')
```

元组和列表都是有序的组合数据类型，对列表操作的运算符同样适用于元组，对列表操作的有些函数也适用于元组。对于可变的批量数据，应该使用列表存储和处理；而对于不可变的批量数据，可以选择使用元组存储和处理，元组处理批量数据的效率比列表高。

5.4 字　典

字典是无序的、可修改的组合数据类型。它是通过键索引的数据集合，使用键-值对进行存储，当存储的数据量较大时，用字典定义比较合理，字典可以通过键找到对应的值，达到快速检索的目的。

5.4.1 创建字典

字典由若干个元素组成，每个元素是一个键-值对的形式，与键相关联的值可以是数值、字符串、列表或字典，甚至可以扩展至 Python 中的任何数据类型。

字典成对存储元素，每个元素都包含键和值两部分，并使用冒号":"分隔开，元素之间用逗号","分隔。字典可以用花括号"{}"创建，也可以使用 dict()函数或推导式创建。创建字典的语法格式如下：

1. 使用花括号"{}"创建字典

```
<dict_name>={<key_1>:<value_1>,<key_2>:<value_2>,…,<key_n>:<value_n>}
```

2. 使用 dict()函数创建字典

（1）创建空字典

```
<dict_name>=dict()
```

或

```
<dict_name>={}
```

（2）创建以列表或元组为键-值对的字典

```
<dict_name>=dict([[element_11,element_12],[element_21,element_22],…
[element_n1,element_n2]])
<dict_name>=dict(((element_11,element_12),(element_21,element_22),…
(element_n1,element_n2)))
```

3. 使用推导式创建字典

```
<dict_name>={<key:value> for <variable> in range([<start_value>,]
<end_value>[, <step>])> [if <condition>]}
```

例 5.13 创建字典。

```
>>> dic1={'金融学':78,'投资学':82,'保险学':67,'会计学':91} #课程名与成绩
>>> print(dic1)
{'金融学': 78, '投资学': 82, '保险学': 67, '会计学': 91}
>>> dic2=dict([['张明芳','金融系'],['王晓杰','会计系'],['刘兴胜','金融系'],
['李玉普','会计系']]) #学生姓名与系部
>>> print(dic2)
{'张明芳': '金融系', '王晓杰': '会计系', '刘兴胜': '金融系', '李玉普': '会计系'}
>>> dic3={i:i*i for i in range(5,30,5)}
>>> print(dic3)
{5: 25, 10: 100, 15: 225, 20: 400, 25: 625}
>>> dic4={i:i*i for i in range(10,30,5) if(i%10==0)} #有条件地创建字典
>>> print(dic4)
{10: 100, 20: 400}
>>> dic5=dict() #等价于 dic5={}，创建空字典
>>> print(dic5)
{}
```

5.4.2　访问字典

Python 支持对字典键-值对的多种访问方式，可以访问字典的所有键、所有值或所有键-值对。访问字典的语法格式如下：

1. 访问字典键

可以使用 keys()函数返回一个键列表，而不包含任何值，其语法格式如下：

```
<dict_name>.keys()
```

例 5.14　访问字典键。

```
>>> dic1={'金融学':78,'投资学':82,'保险学':67,'会计学':91}
>>> print(dic1.keys())
dict_keys(['金融学', '投资学', '保险学', '会计学'])
>>> for key in dic1.keys(): #逐项访问键
        print(key,end=',')
金融学,投资学,保险学,会计学,
```

2. 访问字典值

字典中的键是字典的关键信息，对字典的很多操作都是基于键的，要获取与键相关联的值，可以依次指定字典名和方括号中的键。

（1）访问字典中的单个值

① 键访问值的形式如下：

```
<dict_name>[<key>]
```

② get()函数访问值的形式如下：

```
<dict_name>.get(<key>)
```

（2）访问字典中的所有值

使用 values()函数访问字典中的所有值的形式如下：

```
<dict_name>.values()
```

例 5.15　访问字典中的单个值。

```
>>> dic1={'金融学':78,'投资学':82,'保险学':67,'会计学':91}
>>> print('保险学的成绩为：',dic1['保险学'])
保险学的成绩为：67
>>> print('会计学的成绩为：',dic1.get('会计学'))
会计学的成绩为：91
```

字典存储了键和值之间的关联关系，获取字典的信息时，若只需获取字典中的值，则可使用函数 values()返回一个值列表，而不包含任何键。

例 5.16　访问字典中的所有值。

```
>>> dic1={'金融学':78,'投资学':82,'保险学':67,'会计学':91}
>>> print(dic1.values())
dict_values([78, 82, 67, 91])
```

```
>>> for item in dic1.values(): #逐项输出值
        print(item,end=',')
78,82,67,91,
```

字典总是明确地记录键和值之间的关联关系，但获取字典中的元素时，获取顺序是不可预测的。要以特定的顺序返回元素，解决方法是在 for 循环中对返回的键进行排序。为此，可使用函数 sorted() 来获得按特定顺序排列的键作为列表副本。

例 5.17　有序访问字典中的键。

```
>>> dic3={'No03':'刘兴胜','No04':'李玉普','No02':'王晓杰','No05':'王丽静',
'No01':'张明芳'}
>>>key_sort=sorted(dic3.keys())
>>> print(key_sort)
['No01', 'No02', 'No03', 'No04', 'No05']
>>> for key in key_sort:
        print(dic3[key],end=',')
张明芳,王晓杰,刘兴胜,李玉普,王丽静,
```

3. 访问字典键-值对

访问字典键-值对能够获取键与值之间的对应关系。

使用 items() 函数访问键-值对的形式如下：

```
<dict_name>.items()
```

例 5.18　访问字典键-值对。

```
>>> dic1={'金融学':78,'投资学':82,'保险学':67,'会计学':91}
>>> print(dic1.items())
dict_items([('金融学', 78), ('投资学', 82), ('保险学', 67), ('会计学', 91)])
>>> for item in dic1.items(): #逐项访问键-值对
        print(item,end=',')
('金融学', 78),('投资学', 82),('保险学', 67),('会计学', 91),
```

5.4.3　修改、插入字典元素

字典中的键不允许修改和重复，但值既可以修改又可以重复，值可以是任意数据类型。以字典形式组织的数据可以按键修改值，要修改字典中的值，可依次指定字典名、方括号中的键，以及与该键相关联的新值。字典与列表不同，没有用来插入键-值对的函数，但可以通过其他方式添加元素。修改、插入字典元素的语法格式如下：

1. 修改、插入字典中的单个元素

```
<dict_name>[<key>]=<new_value>
```

如果在字典中找到指定的键，则用指定的新值替换原有的值；如果没有找到，则在

字典中增加一个新的键-值对。

　　2.　使用 update()函数修改、插入字典中的元素

```
<dict_name>.update(<dict_name_new>)
```

　　可以使用 update()函数进行字典的合并,在执行 update()时,将 dict_name_new 元素添加到 dict_name 中。如果字典 dict_name 中包含与字典 dict_name_new 中相同的键,那么字典 dict_name 中这个键对应的值就会被字典 dict_name_new 中相同键的值覆盖;否则,该元素被添加到字典 dict_name 中。

　　3.　使用 setdefault()函数修改、插入字典中的元素

```
<dict_name>.setdefault(<key>,<value>)
```

　　可以使用 setdefault()函数增加键-值对或获取字典中元素的值,若键不存在则增加键-值对,否则读取键对应的值,均返回值。

　　例 5.19　修改、插入字典中的元素。

```
>>> dic2={'No01':'张明芳','性别':'女','年龄':20,'系部':'金融系'}
>>> dic2['会计学']=91 #添加会计学的成绩
>>> print(dic2)
{'No01': '张明芳', '性别': '女', '年龄': 20, '系部': '金融系', '会计学': 91}
>>> dic1={'金融学':78,'投资学':82,'保险学':67,'会计学':60}
>>> dic2.update(dic1)
>>> print(dic2)
{'No01': '张明芳', '性别': '女', '年龄': 20, '系部': '金融系', '会计学': 60,
'金融学': 78, '投资学': 82, '保险学': 67}
>>> dic2.setdefault('国际金融',80) #新增元素"'国际金融':80"
80
>>> print(dic2)
{'No01': '张明芳', '性别': '女', '年龄': 20, '系部': '金融系', '会计学': 60,
'金融学': 78, '投资学': 82, '保险学': 67, '国际金融': 80}
```

5.4.4　删除字典中的元素

　　对于字典中不再需要的元素,可以使用多种形式将其彻底删除。删除字典元素的语法格式如下:

　　1.　使用 pop()函数删除字典中的元素

```
<dict_name>.pop(<key>,<value>)
```

　　删除指定键所对应的值,返回值并从字典中把对应的键-值对移除,如果没有找到指定的键,则返回参数中的值。

2. 使用 popitem()函数删除字典中的元素

```
<dict_name>.popitem()
```

删除<dict_name>中的一个键-值对，并返回键-值对。

3. 使用 clear()函数删除字典中的元素

```
<dict_name>.clear()
```

clear()函数用于清空字典中所有的元素，返回一个空字典。

4. 使用 del 命令或 del()函数删除字典中的元素

```
del <dict_name>[<key>]|del(<dict_name>[<key>])
```

若 del 命令与 del()函数中省略 key，则表示删除整个字典，否则删除字典中键对应的键-值对。

例 5.20　删除字典中的元素。

```
>>> dic2={'No01':'张明芳','性别':'女','年龄':20,'系部':'金融系'}
>>> dic2.pop('性别','女')  #等价于 dic2.pop('性别')
'女'
>>> print(dic2)
{'No01': '张明芳', '年龄': 20, '系部': '金融系'}
>>> del dic2['年龄']
>>> print(dic2)
{'No01': '张明芳', '系部': '金融系'}
>>> dic2.popitem()
('系部', '金融系')
>>> print(dic2)
{'No01': '张明芳'}
```

5.4.5　字典运算

字典含有两个常用运算符 in 和 not in，运算规则与操作列表和元组类似。字典运算符如表 5.7 所示。

表 5.7　字典运算符

运算符	功能
in	element in dic1：element 是字典 dic1 中的元素，运算结果为 True，否则为 False
not in	element not in dic1：element 不是字典 dic1 中的元素，运算结果为 True，否则为 False

例 5.21　编写程序，计算不同客户等级和不同订货量的订货金额，客户可同时享受价格优惠和客户等级优惠，要求订货量为整数。客户分 A、B、C、D（不区分大小写）

类，A 类客户享受 9 折优惠，B 类客户享受 92 折优惠，C 类客户享受 95 折优惠，D 类客户不享受折扣优惠；不同订货量享受不同的价格优惠，订货量小于 500 无折扣，500～1999 折扣 0.05，2000～4999 折扣 0.1，5000～20000 折扣 0.15，20000 以上折扣 0.2。

程序代码如下：

```python
classification={'A':0.9,'B':0.92,'C':0.95,'D':1.00} #定义字典
degree=input('请输入客户等级（A-D 或 a-d）: ')
while degree.upper() not in ['A','B','C','D']:
    print('输入的客户等级有误，请重新输入！')
    degree=input('请输入客户等级（A-D 或 a-d）: ')
number1=input('请输入订货量: ')
while degree!='' and number1!='' and degree.upper() in ['A','B','C','D']
and number1.isdigit():
#根据客户等级（键）查折扣（值）
    discount1=classification[degree.upper()]
    number=int(number1)
    if number<500:
        discount2=0
    elif number<2000:
        discount2=0.05
    elif number<5000:
        discount2=0.1
    elif number<20000:
        discount2=0.15
    else:
        discount2=0.2
    total=100*number*(discount1)*(1-discount2)   #100 为商品单价，单位为元
    print('客户等级折扣为: ',discount1)
    print('订货量折扣为: ',discount2)
    print('订货金额为: ',total)
    break
```

程序运行结果如图 5.1 所示。

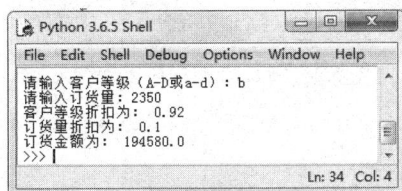

图 5.1　例 5.21 的程序运行结果

5.4.6　字典嵌套

字典嵌套就是将字典存储在列表中，或将列表作为值存储在字典中，或将字典作为

值存储在字典中。也就是说，可以在列表中嵌套字典、在字典中嵌套列表，也可以在字典中嵌套字典。

1. 列表嵌套字典

嵌套是一项强大的功能，有时需要在列表中包含大量的字典，而其中每个字典都包含特定对象的众多信息。在这个列表中，所有字典的结构都相同，这样便于以相同的方式处理列表中嵌套的字典。

例 5.22 列表嵌套字典示例：将下列成绩单按学生信息与总分的形式输出。

程序代码如下：

```
datas=['No01', '张明芳', '女', 20, '金融系', {'会计学': 60, '金融学': 78,
'投资学': 82, '保险学': 67}],['No02', '王晓杰', '女', 21, '会计系', {'会计学': 76,
'金融学': 87, '投资学': 92, '保险学':80}] ,['No03', '刘兴胜','男',22,'金融系',
{'会计学': 79,'金融学':68,'投资学':70,'保险学':83}],['No04','李玉普','男', 23,
'会计系', {'会计学': 80, '金融学': 91, '投资学': 65, '保险学': 77}],['No05',
'王丽静','女',22,'金融系', {'会计学': 88, '金融学': 66, '投资学': 89, '保险学': 90}]
n=len(datas)
for i in range(n):
    sum_i=0
    for item in datas[i][5].values():
        sum_i=sum_i+item
        del datas[i][5]
        datas[i].append(sum_i)
for i in range(n):
    print(datas[i])
```

程序运行结果如图 5.2 所示。

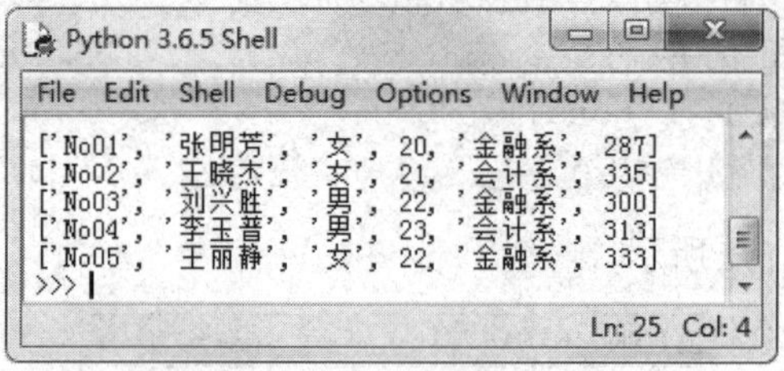

图 5.2　例 5.22 的程序运行结果

2. 字典嵌套列表

有时需要将列表以值的形式存储在字典中。例如，列表存储多名学生的信息时，想要直接查找某学生的信息就不太方便了，如果用字典保存，则用键存储学生的学号，值以列表的形式存储学生的其他信息，这就大大提高了信息检索的效率。

例 5.23 字典嵌套列表示例：按学号查询学生信息。

程序代码如下：

```
    datas={'No01':['张明芳','女',20,'金融系','天津'],'No02':['王晓杰','女',
21,'会计系','河北'],
        'No03':['刘兴胜','男',22,'金融系','山西'],'No04':['李玉普','男',23,
'会计系','山西'],
        'No05':['王丽静','女',22,'金融系''陕西'],'No06':['齐晓斌','男',20,'会
计系','江苏'],
        'No07':['王力','男',19,'会计系','河北'],'No08':['李英','女',20,'金融
系','天津']}
    No=input('请输入查询学生的学号：')
    while True:
        if No in datas.keys():
            print(datas[No])
        else:
            print('查无此人，请重新输入！')
        que=input('还需要查询吗？（Y/N）')
        if que.upper()=='Y':
            No=input('请输入查询学生的学号：')
            continue
        else:
            break
```

程序运行结果如图 5.3 所示。

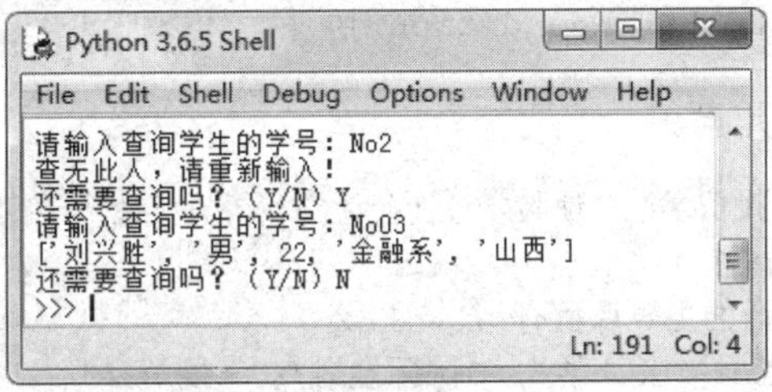

图 5.3 例 5.23 的程序运行结果

5.5 集　合

集合是由唯一的、不可重复的若干元素构成的无序序列。利用集合元素不能重复的特点，可以用来去除列表中重复的元素。集合元素只能是不可变值的数据类型，可以是整数、浮点数等基本数据类型，也可以是元组这样的组合数据类型，但不能用列表和字典作为集合的元素。

5.5.1　创建集合

可以使用花括号"{}"或 set()函数创建集合，创建一个空集合时必须使用 set()函数

而不能用"{}"，因为"{}"已经被 Python 指定用来创建空字典。创建集合的语法格式如下：

1. 使用花括号"{}"创建集合

```
<set_name>={<element_1>,<element_2>,…,<element_n>}
```

2. 使用 set()函数创建集合

（1）创建空集合

```
<set_name>=set()
```

（2）创建以列表、元组、字符串为元素的集合

```
<set_name>=set([<list_name>|<tuple_name>|<string>])
```

3. 使用 set()函数与 range()函数创建集合

```
<set_name>=set(range([<start_value>,]<end_value>[,<step>]))
```

4. 使用推导式创建集合

```
<set_name>={<expression> for <variable> in range([<start_value>,]
<end_value>[, <step>]) [if <condition>]}
```

例 5.24 创建集合元素。

```
>>>s1={'金融学','投资学','保险学','会计学','微观经济学','宏观经济学','计量经济
学','金融工程学','国际金融'}
>>> print('金融专业的主要课程有：',s1)
金融专业的主要课程有：{'会计学', '国际金融', '投资学', '宏观经济学', '保险学',
'计量经济学', '金融学', '金融工程学', '微观经济学'}
>>> s2=set(['张明芳','王晓杰','刘兴胜','张明芳','王丽静','刘兴胜','王力','张
明芳'])
>>> print('学生姓名：',s2)
学生姓名：{'张明芳', '刘兴胜', '王晓杰', '王丽静', '王力'}
>>> s3=set(range(3))
>>> print(s3)
{0, 1, 2}
>>> s4=set(i for i in range(10,30,2) if(i%5==0))
>>> print(s4)
{10, 20}
```

5.5.2 集合元素操作

集合是无序的，不能用索引访问元素，也不能做切片操作，更不能用键访问集合中

的元素值，但可以使用 in 或 not in 运算符判断集合中是否存在某个指定元素，这时一般与 for 循环结合使用。判断集合元素的语法格式如下：

1. 判断元素是否属于集合

```
<variable> in <set_name>
<variable> not in <set_name>
```

2. 输出集合元素

```
for <variable> in <set_name>:
    print(<variable>)
```

例 5.25 判断集合元素是否属于集合，并输出集合元素。

```
>>> s1={'金融学','投资学','保险学','会计学','微观经济学','宏观经济学','计量经济学','金融工程学','国际金融'}
>>> print('保险学' in s1)
True
>>> print('管理学' in s1)
False
>>> for item in s1:
        print(item,end=',')
会计学,国际金融,投资学,宏观经济学,保险学,计量经济学,金融学,金融工程学,微观经济学,
```

5.5.3 插入集合元素

集合一旦创建，其中的元素就不能被修改，但是可以向集合中插入元素。使用 add() 函数可以向集合中插入一个元素，也可以使用 update() 函数向集合中插入多个元素。插入集合元素的语法格式如下：

1. 使用 add() 函数插入集合元素

```
<set_name>.add(<element>)
```

2. 使用 update() 函数插入集合元素

```
<set_name1>.update(<set_name2>)
```

例 5.26 插入集合元素。

```
>>> s1={'apple','banana','cherry'}
>>> s1.add('orange')
>>> print('s1=',s1)
s1={'banana', 'apple', 'cherry', 'orange'}
>>> s1.update({'orange','mango','grape'})
```

```
>>> print('s1=',s1)
s1={'banana', 'cherry', 'mango', 'grape', 'orange', 'apple'}
```

例 5.27 假设某班的学生成绩单如表 5.8 所示,输出成绩不及格的学生的学号。

表 5.8 某班的学生成绩单

学号	课号	成绩	学号	课号	成绩	学号	课号	成绩	学号	课号	成绩
No01	C001	89	No02	C001	43	No02	C003	78	No06	C002	90
No02	C002	45	No01	C002	67	No04	C001	45	No05	C004	76
No03	C003	72	No04	C002	78	No05	C001	88	No06	C004	58

程序代码如下:

```
datas=[['No01','C001',89],['No02','C001',43],['No02','C003',78],['No06',
'C002',90],['No02','C002',45],['No01','C002',67],['No04','C001',45],['No05',
'C004',76],['No03','C003',72],['No04','C002',78],['No05','C001',88],['No06',
'C004',58]]
  Np_s=set()
  for i in range(len(datas)):
     if datas[i][2]<60:
        Np_s.add(datas[i][0])
  print(Np_s)
```

程序运行结果如图 5.4 所示。

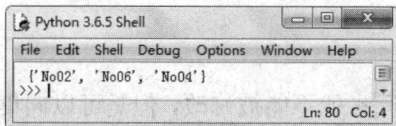

图 5.4 例 5.27 的程序运行结果

5.5.4 删除集合中的元素

集合是可变的组合数据类型,这种可变性体现在元素的个数上,而不是元素值本身,除了可以向集合中插入元素外,还可以删除集合中不需要的元素。删除集合元素的语法格式如下:

1. remove()函数

```
<set_name>.remove(<element>)
```

remove()函数用于删除指定的元素值,若集合中不存在要删除的元素值,则程序报错。

2. discard()函数

```
<set_name>.discard(<element>)
```

discard()函数的功能和使用方法与 remove()函数基本相同,不同之处是,若集合中没有要删除的元素值,则程序不会报错。

3. pop()函数

```
<set_name>.pop()
```

pop()函数用于从集合中删除一个元素,删除的元素值作为函数的返回值。

4. clear()函数

```
<set_name>.clear()
```

clear()函数用于清空集合中所有的元素,返回一个空集合。

5. del 命令或 del()函数

```
del <set_name>或 del(<set_name>)
```

del 命令和 del()函数用于删除整个集合。

例 5.28 删除集合中的元素。

```
>>>s1={'金融学','投资学','保险学','会计学','微观经济学','宏观经济学','计量经济学','金融工程学','国际金融'}
>>> s1.remove('微观经济学')
>>> print(s1)
{'保险学', '投资学', '计量经济学', '金融学', '宏观经济学', '金融工程学', '会计学', '国际金融'}
>>> s1.discard('金融工程学')
>>> print(s1)
{'保险学', '投资学', '计量经济学', '金融学', '宏观经济学', '会计学', '国际金融'}
>>> s1.pop()
'保险学'
>>> print(s1)
{'投资学', '计量经济学', '金融学', '宏观经济学', '会计学', '国际金融'}
>>> s1.clear()
>>> print(s1)
set()
```

5.5.5 集合运算

集合常用的函数是标准化的数学运算,如求并集、交集、差集及补集等。Python 中定义了集合执行这些数学运算的函数,还给出了相应的运算符,如表 5.9 所示,包括运算符、函数名及用法,并以图示的形式给出了运算的结果集。

表 5.9   集合运算符

含义	运算符	函数名	示例	图示
并集	|	union()	A|B A.union(B)	A B
交集	&	intersection()	A&B A.intersection(B)	A B
差集	-	difference()	A-B A.difference(B)	A B
补集	^	sysmmetric_difference()	A^B A.sysmmetric_difference(B)	A B

例 5.29   集合运算示例。

```
>>> s1={'保险学','会计学','微观经济学','宏观经济学','计量经济学','国际金融'}
>>> s2={'会计学','微观经济学','宏观经济学','计量经济学','统计学'}
>>> s1_2=s1|s2
>>> print(s1_2)
{'保险学', '计量经济学', '宏观经济学', '会计学', '微观经济学', '统计学', '国际
金融'}
>>> s12=s1&s2
>>> print(s12)
{'微观经济学', '计量经济学', '宏观经济学', '会计学'}
```

5.6   实   验

实验 5.1   首先，新建一个列表 lst1=[1,1,3,4,1,2]，使用 append()函数向该列表中添加 4；其次，新建一个列表 lst2=[4,3,5,6]，使用 extend()函数将列表 lst2 中的内容添加到 lst1 中；再次，使用 remove()函数删除元素 5；最后，使用 sort()函数将 lst1 排序并遍历 lst1，输出列表 lst1。

程序代码如下：

```
>>> lst1=[1,1,3,4,1,2]
>>> lst1.append(4)
>>> lst2=[4,3,5,6]
>>> lst1.extend(lst2)
>>> lst1.remove(5)
>>> lst1.sort()
>>> for i in lst1:
    print(i,end=' ')
```

运行程序并分析程序的运行结果。

实验 5.2　首先，定义字典 dic，再添加元素 "'Jim':'Jim@sin.com'"；然后，删除元素 "'Tom':'Tom@mail.com'"；最后，将键以列表排序的形式输出。

程序代码如下：

```
>>> dic={'Jack':'jack@mail.com','Tom':'Tom@mail.com'}
>>> dic['Jim']='Jim@sin.com'
>>> del dic['Tom']
>>> s=list(dic.keys())
>>> s=sorted(s)
>>> print(s)
```

运行程序并分析程序的运行结果。

实验 5.3　统计字符串中每个字母出现的次数（忽略大小写，a 与 A 是同一个字母），并将统计结果以字典的形式输出，如{'a':4, 'b':2}。

```
>>> str_1='aAsmr3idd4bgs7Dlsf9eAF'
>>> str_2=str_1.lower()
>>> str_3=dict([(x,str_2.count(x)) for x in set(str_2) if not x.isdigit()])
>>> print(str_3)
```

运行程序并分析程序的运行结果。

实验 5.4　调查问卷。建立一个列表 lst_P，元素为参加调查问卷的人员名单，通过键盘输入一个名字，判断这个名字是否在 lst_P 中。如果名字在列表中，则输出"您已经参与调查，感谢参与!!!"；如果名字不在列表中，则输出"您是否愿意参加此次问卷调查？（Y/N）"，如果用户选择"Y"，则将用户名字加入 lst_P 末尾，并提示"感谢您的支持!!!"；否则，输出"抱歉，打扰您了!!!"。

分析：判断名字是否在 lst_P 中时，需要使用成员测试运算符 in，运用分支语句对不同情况做出判断，利用列表 append()函数追加新元素。

程序代码如下：

```
lst_P=['张明芳','王晓杰','刘兴胜','李玉普','王丽静']
name=input('请输入参与调查问卷的名字：')
if name in lst_P:
    print('您已经参与调查，感谢参与!!! ')
    print(lst_P)
else:
    flag=input('您是否愿意参加此次问卷调查？（Y/N）')
    if flag.upper()=='Y':
        lst_P.append(name)
        print(lst_P)
        print('感谢您的支持!!! ')
    else:
        print('抱歉，打扰您了!!! ')
```

运行程序并分析程序的运行结果。

实验 5.5 批改试卷。设计一个程序，帮助老师批改试卷的客观题，本次测试一共 5 道题，已经知道答案选项分别是('A','D','B','D','C')。请对照正确答案，统计正确题和错误题的数量，并给出最终分数。

分析：利用元组保存正确答案，为防止输入非 a~d 的字母，考虑再建一个元组保存允许输入的字母，运用循环语句对照正确答案评判对错，并记录数量，同时计算最终得分。

程序代码如下：

```
m=('A','D','B','D','C')
n=('A','B','C','D')
q=list(m)
print('***欢迎使用客观题判卷系统，一共 5 道题，每道题 20 分***')
lst1=[]
score=0
r=0
d=0
for i in range(5):
    while(1):
        a=input('请输入你的第{}题答案: '.format(i+1))
        if a in n:
            if a==q[i]:
                lst1.append(a)
                score=score+20
                r=r+1
            else:
                lst1.append('x')
                d=d+1
            break
        else:
            print('输入有误，请从“A,B,C,D”中选择一个字母!!! ')
print('正确答案为: ',m)
print('批改结果为: ')
print(lst1,'正确',r,'错误',d)
print('你的分数为{:.1f}'.format(score))
```

阅读、运行程序，并分析程序的运行结果。

实验 5.6 计算比萨（pizza）总价。编写程序实现计算比萨总价，顾客到比萨店选购商品，给出一个简单的欢迎语，例如，"******Hello,Welcome to pizza store******"，每个比萨需要交 8%的税，计算选购 3 种不同的比萨时用户需要支付的总金额及交纳的税额。

分析：不同比萨的名称和价格用字典存储，利用循环语句实现点餐、计算总价和税额。

程序代码如下：

```
str1="******Hello, Welcome to pizza store******"
dict1={'榴莲比萨':69.90,'火腿比萨':59.90,'水果什锦比萨':59.90,'意式比萨':
49.90}
flag='Y'
listPizza=[]
sumPrice=0
str1='******Hello,Welcome to Dotremon pizza store******'
print(str1)
while flag.upper()=='Y':
    name=input('请点您需要的比萨: ')
listPizza.append(name)
    flag=input('您还需要其他比萨? (Y/N) ')
    if flag.upper()=='N':
        print('感谢您的点餐!!! ')
dicPizza={'榴莲比萨':69.90,'火腿比萨':59.90,'水果什锦比萨':59.90,'意式比萨':
49.90}
    for name in listPizza:
        if name in dicPizza.keys():
sumPrice+=dicPizza[name]
        else:
            print('对不起，没有这款比萨!!! ')
taxPrice=sumPrice*0.08
totalPrice=sumPrice*(1+0.08)
print('一共{:.1f}元，税{:.2f}元'.format(totalPrice,taxPrice))
print('感谢您的惠顾!!! ')
```

阅读、运行程序，并分析程序的运行结果。

实验 5.7　判断大学生体测成绩是否合格。大学生测量肺活量，男生 3100 毫升合格，女生 2000 毫升合格。输入若干名学生的肺活量，输出学生肺活量是否达标。

分析：利用字典嵌套存储学生的肺活量，通过循环语句遍历列表，输出男生或女生肺活量是否达标。

程序代码如下：

```
flag='Y'
dicVC={'男':{'合格':3100},'女':{'合格':2000}}
flag=input('需要查询学生的肺活量吗? (Y/N): ')
while flag.upper()!='N':
    VC=int(input('请输入一名学生的肺活量: '))
    gender=input('请输入该名学生的性别: ')
    if gender in dicVC:
        if VC>=dicVC[gender]['合格']:
            print('该名{0}学生的肺活量达标!!! '.format(gender))
```

```
        else:
            print('该名{0}学生的肺活量不达标!!! '.format(gender))
    else:
        print('你输入的信息有误, 请重新输入!!! ')
    flag=input('需要查询学生的肺活量是否达标吗? (Y/N): ')
```

阅读、运行程序,并分析程序的运行结果。

习 题

一、选择题

1. 下列选项中,不属于组合数据类型的是(   )。
   A. 数组　　　　　　B. 元组　　　　　　C. 字典　　　　　D. 集合

2. 给定一个列表 lst1,下列对 lst1.index(x)的描述正确的是(   )。
   A. 返回列表 lst1 中索引为 x 的元素
   B. 返回列表 lst1 中 x 的长度
   C. 返回列表 lst1 中元素 x 所有出现位置的索引
   D. 返回列表 lst1 中元素 x 第一次出现的索引

3. 给定一个列表 lst1,下列对 lst1.append(x)的描述正确的是(   )。
   A. 向 lst1 中增加元素,如果 x 是一个列表,则可以同时增加多个元素
   B. 替换列表 lst1 中的最后一个元素为 x
   C. 向列表 lst1 的最前面增加一个元素 x
   D. 在列表 lst1 的最后增加一个元素 x

4. 对于列表 lst1 的操作,下列描述错误的是(   )。
   A. lst1.clear()用于删除 lst1 中的最后一个元素
   B. lst1.count(x)用于返回 lst1 中元素值为 x 的元素个数
   C. lst1.copy()用于生成一个新列表,复制 lst1 中的所有元素
   D. lst1.reverse()用于将列表 lst1 中的所有元素反转

5. (   )代表 Python 的元组类型。
   A. str　　　　　　B. list　　　　　　C. tuple　　　　　D. dict

6. 关于 Python 的元组类型,下列选项描述错误的是(   )。
   A. 元组一旦被创建就不能被修改
   B. Python 中的元组采用圆括号来表示
   C. 元组中的元素不可以是不同类型
   D. 一个元组可以作为另一个元组的元素,可以采用多级索引获取元素

7. 给定字典 dic1,下列选项中对 dic1.values()的描述正确的是(   )。
   A. 返回一种 dict_values 类型,包括字典 dic1 中的所有值
   B. 返回一个列表类型,包括字典 dic1 中的所有值

C．返回一个元组类型，包括字典 dic1 中的所有值

D．返回一个集合类型，包括字典 dic1 中的所有值

8．给定字典 dic1，下列选项对"x in dic1"的描述正确的是（　　）。

A．判断 x 是否是字典 dic1 中的值

B．判断 x 是否是在字典 dic1 中以键或值的方式存在

C．判断 x 是否是字典 dic1 中的键

D．判断 x 是否是字典 dic1 中的键-值对

9．下列选项中，正确定义的字典语句是（　　）。

A．a=[a',1,b',2',c,3]　　　　B．{a:1,b:2,c:3}

C．a=('a':1, 'b':2, 'c':3)　　　D．a={'a':1, 'b':2, 'c':3}

10．关于花括号"{}"，下列描述正确的是（　　）。

A．直接使用{}将创建一个空集合

B．直接使用{}将创建一个空字典

C．直接使用{}将创建一个空元组

D．直接使用{}将创建一个空列表

二、填空题

1．任意长度的 Python 列表、元组最后一个元素的下标为_____。

2．Python 语句"list(range(1,10,3))"的执行结果为_____。

3．已知列表 lst1[3,4,5,6,7,9,11,13,15,17]，那么切片 lst1[3:7]得到的值为_____。

4．已知列表 lst1=[1,2,3,4]，那么执行语句"del lst1[1]"之后，lst1 的值为_____。

5．已知列表 lst1=[1,2,3]，那么执行语句"lst1.insert(1,4)"之后，lst1 的值为_____。

6．已知 dic1={'a':'b','c':'d'}，那么表达式'a' in dic1 的值为_____。

7．已知 dic1={1:2}，那么执行语句"dic1[2]=3"之后，dic1 的值为_____。

8．已知 dic1={1:2,2:3}，那么语句 dic1.get(3,4)的值为_____。

9．Python 语句"print(set([1,2,1,2,3]))"的结果为_____。

10．已知 s1={1,2,3}，那么执行语句"s1.add(3)"之后，s1 的值为_____。

三、阅读程序题

1．下列代码的输出结果是_____。

```
listV=list(range(5))
print(2 in listV)
```

2．下列语句执行后，lst1 的值是_____。

```
lst1=[1,2,3,4,5,6]
lst1[:1]=[]
lst1[:2]='a'
lst1[2:]='b'
lst1[2:3]=['x','y']
del lst1[:1]
```

```
print(lst1)
```

3. 下列语句执行后的结果是_____。

```
d1={1:'food'}
d2={1:'食品',2:'饮料'}
d1.update(d2)
print(d1[1])
```

4. 下列语句的输出结果是_____。

```
d={1:'a',2:'b',3:'c'}
del d[1]
d[1]='x'
del d[2]
print(d)
```

5. 下列语句执行后，"print(di['fruit'][1])"的输出结果是_____。

```
di={'fruit':['apple','banana','orange']}
di['fruit'].append('watermelon')
print(di['fruit'][1])
```

四、程序填空题

1. 列表 listmenu 中存放了已点的餐单，使用 Python 增加"水煮肉片"，去掉"锅包肉"。

```
menu=['三鲜豆腐','鱼香肉丝','锅包肉','酸辣汤']
menu._____('水煮肉片')
menu._____('锅包肉')
print(menu)
```

2. 假设姓名不重复，现有若干名学生的姓名存放在列表 listStudent 中，listStudent=['李丽','张宏','徐伟','王萍','童年']。在列表中"张宏"的后面添加姓名为"晋宇"的学生，统计学生的数量。

```
listStudent=['李丽','张宏','徐伟','王萍','童年']
print('原来 listStudent=',_____)
index=listStudent.index('张宏')
listStudent.insert(_____,'晋宇')
print('现在 listStudent=',listStudent)
length=len(listStudent)
print('学生的数量为: ',length)
```

3. 字典 dicMenu 中存放了双人下午套餐（包括咖啡 2 份和点心 2 份）的价格，通过 Python 计算并输出消费总额。

```
dicMenu={'圣椰拿铁':32, '美式':30, '抹茶蛋糕':28, '布朗尼':26}
```

```
_____
for i in _____:
    sum+=i
print(sum)
```

4. 字典 dicBirthday 中存放了几名学生的生日，使用 Python 把小明的生日修改为"5 月 1 日"，删除小亮的信息，并增加小华的生日为"10 月 1 日"。

```
dicBirthday={'小明':'4 月 1 日','小红':'1 月 2 日','小亮':'4 月 1 日'}
dicBirthday['小明']='5 月 1 日'
del _____
dicBirthday['小华']=_____
print(dictBirthday)
```

五、编程题

1. 统计一个英文字符串中每个字母出现的次数。

2. 编写程序，将列表[6,0,8,9,1,3,5,4,2,7]中的偶数进行平方，奇数保持不变。

3. 根据国家统计局资料显示，2022 年下半年我国规模以上工业原煤产量增速月度走势如表 5.10 所示。

表 5.10　2022 年下半年我国规模以上工业原煤产量增速月度走势

月份	7	8	9	10	11	12
产量增速/亿吨	16.1	8.1	12.3	1.2	3.1	2.4

编写程序，利用列表求出最大值、最小值、所有元素之和及平均值。

4. 编写程序，实现根据股票代码查询购买的股票信息。某人买了 4 只股票，股票代码、股票名称、买入价和成交价分别是'601398','工商银行',5.51,6.88；'000001','平安银行',8.94,9.23；'601939','建设银行',6.89,6.99；'601328','交通银行',5.61,5.98。

5. 现有学生数据 stu，统计他们来自的系部名称和籍贯所在地。

```
stu={'No01':{'姓名':'张明芳','性别':'女','年龄':20,'系部':'金融系','籍贯':'天津'},
'No02':{'姓名':'王晓杰','性别':'女','年龄':23,'系部':'会计系','籍贯':'河北'},
'No03':{'姓名':'刘兴胜','性别':'男','年龄':22,'系部':'金融系','籍贯':'山西'},
'No04':{'姓名':'李玉普','性别':'男','年龄':23,'系部':'会计系','籍贯':'山西'},
'No05':{'姓名':'王丽静','性别':'女','年龄':22,'系部':'金融系','籍贯':'陕西'},
'No06':{'姓名':'齐晓斌','性别':'男','年龄':20,'系部':'会计系','籍贯':'江苏'},
'No07':{'姓名':'王力','性别':'男','年龄':19,'系部':'会计系','籍贯':'河北'},
'No08':{'姓名':'李英','性别':'女','年龄':20,'系部':'金融系','籍贯':'天津'}}
```

第6章 函 数

在实际开发过程中，经常会遇到一些重复或相似的操作，使用函数可以实现代码的复用，从而增加代码的可用性和可靠性。本章主要介绍函数的定义、函数的调用、函数的返回值和函数的参数等，通过实例读者可进一步了解函数在程序设计中的应用。

6.1 函 数 概 述

在 Python 程序设计过程中，常常需要执行一些类似的任务，利用函数可以实现代码的重复调用，增加代码的复用率，提高代码的可靠性。函数使程序的编写、修改等工作变得更方便。

函数是组织好的、可重复使用的、用来实现单一或相关联功能的代码段。Python 允许用户将常用的代码以固定的格式封装成一个独立的模块，只要知道这个模块的名称就可以重复调用它，这个模块称为函数（function）。Python 提供了很多内置函数，如 print()、input()、len()等，这些内置函数可以直接调用。Python 还提供了大量的标准函数库，需要导入相应的标准库才能调用其中的函数，如 random 标准库中的 randrange()函数等。Python 也允许程序设计者自己创建函数，称为自定义函数。

下面通过一个例子来说明函数的应用。例如，求 s=1!+2!+…+10!，需要分别计算 1!、2!、…、10!，利用函数只需定义求 n 阶乘的 f(n)，反复调用即可。

6.2 函数的定义和调用

定义函数，也就是创建一个函数，可以理解为创建一个具有某些特定功能的代码序列。使用函数是通过调用语句来实现的。

6.2.1 函数的定义

需要使用 def 关键字来定义函数，后接函数名和参数列表。定义函数的语法格式如下：

```
def <function_name>([arguments]):
    <statement_block>
    [return [return_value]]
```

其中，function_name 为函数名，必须符合 Python 标识符命名规则，一般命名建议尽量做到见名知义；arguments 为参数列表，参数之间使用逗号","分隔；statement_block 表示函数体（功能模块）；[return [return_value]]为函数的可选部分，用于设置该函数的返回值。也就是说，一个函数可以有返回值，也可以没有返回值，没有 return 语句的函数的返回值为 None。

注意

在定义函数时，即使函数不需要参数，也必须保留一对空的"()"，否则程序将提示语法错误。

例 6.1　定义输出 80 个"-"的函数 print_()。

程序代码如下：

```
def print_(): #无参数无返回值
    print('-'*80)
```

调用该函数可以输出一条虚线。

例 6.2　定义 n 的阶乘函数 fact(n)。

程序代码如下：

```
def fact(n): #有参数有返回值
    p=1
    for i in range(1,n+1):
        p=p*i
    return p
```

调用该函数可以求 n 的阶乘。

例 6.3　定义人民币与美元、欧元汇率换算的函数。

程序代码如下：

```
def calc_exchange_rate(amt,source,target):
    #人民币与美元的汇率：6.3486 人民币=1 美元
    #人民币与欧元的汇率：7.241 人民币=1 欧元
    if source=='CNY' and target=='USD':
        result=amt/6.3486
        print('美元汇率换算成功!!! ')
        return result
    elif source=='CNY' and target=='EUR':
        result=amt/7.241
        print('欧元汇率换算成功!!! ')
        return result
```

调用该函数可以计算人民币与美元、欧元的换算。

6.2.2　函数的调用

函数只有被其他函数（或程序）调用才能被执行，才能实现定义的功能。函数调用时可以依次指定函数名及括号中的参数，如同使用 Python 内置函数一样。调用函数的语法格式如下：

```
<function_name>([arguments])
```

例 6.4 定义求最大值函数 f_max(x,y)，输入 3 个整数 a、b、c，调用该函数，输出最大数。

程序代码如下：

```
def f_max(x,y):
    if x>=y:
        m=x
    else:
        m=y
    return m
#主程序
a=int(input('请输入整数 a: '))
b=int(input('请输入整数 b: '))
c=int(input('请输入整数 c: '))
m_1=f_max(a,b)
max_num=f_max(c,m_1)
print('max_num=',max_num)
```

程序运行结果如图 6.1 所示。

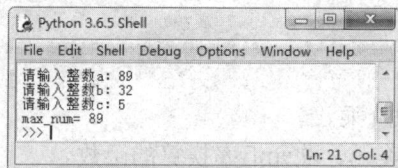

图 6.1　例 6.4 的程序运行结果

例 6.5 编写判定正整数 n 为素数的函数 prime_num(n)，调用该函数，输出 100～200 之间的所有素数，并要求 10 个素数一行。

程序代码如下：

```
def prime_num(n):
    tag=True
    for i in range(2,n//2+1):
        if n%i==0:
            tag=False
            break
    return tag
#主程序
count=0
for k in range(100,200):
    if prime_num(k):
        print(k,end=',')
        count+=1
        if count%10==0:
            print()
```

程序运行结果如图 6.2 所示。

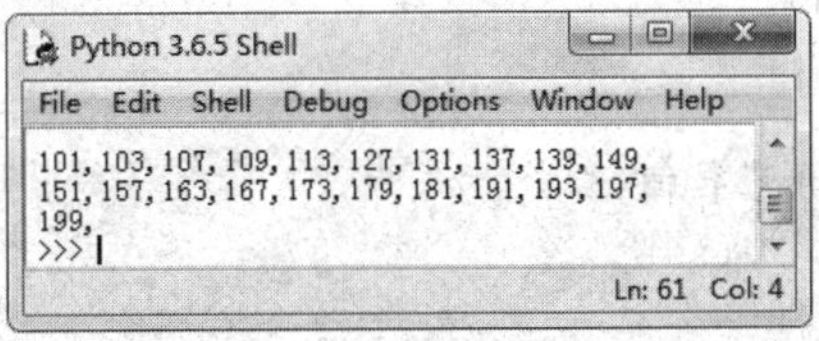

图 6.2　例 6.5 的程序运行结果

函数调用可以以一个语句的形式出现，这时函数的执行结果不是得到一个返回值，而是实现特定的功能；函数调用也可以出现在表达式中，作为操作数出现，这时的函数必须有返回值。

return 语句在函数中有两个作用：①调用函数后返回结果；②函数执行到 return 语句就立即结束。return 语句可以返回一个值或多个值，当返回多个值时，可以存放在一个元组中，或用多个变量来接收。

6.2.3　函数的参数

参数是调用函数时需要的信息，参数传递的过程本质上是一个赋值的过程。

1. 参数的类型

函数的参数分为形式参数（形参）和实际参数（实参）两种类型。形参是定义函数时表明这里需要一个数据，用一个变量占位，只是一个形式，写在定义函数名后面的括号中，函数调用时才会被赋值，函数调用结束后释放内存空间。实参是主程序调用函数时实际要交给函数的数据，写在调用函数名后面的括号中，实参可以是常量、变量、表达式。其中，常量和变量直接赋值给对应的形参，而表达式需要将计算所得的结果传递给对应的形参。

实参和形参的区别，就如同剧本角色选演员，剧本中的角色相当于形参，而演角色的演员就相当于实参。

2. 值传递

在调用函数时，实参值传递给形参。如果实参是不可变数据类型，如数值、元组等，则会为形参分配新的存储空间，所以执行被调用函数时形参值的改变不会影响实参值。在执行值传递时，改变形参的值，实参的值并不会发生改变。值传递示意图如图 6.3 所示。

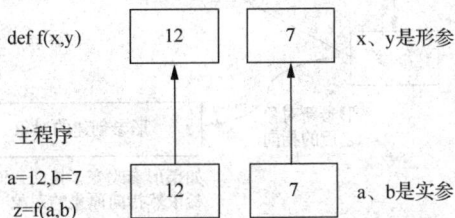

图 6.3　值传递示意图

当函数调用完成后，形参被释放。

例 6.6 形参传值示例。

程序代码如下：

```
def fun(x,y):  #函数形参传值
    print('x=',x,'y=',y)
    x=x+2
    y=y+5
    return x,y
#主程序
print()
a=1;b=2        #实参
c,d=fun(a,b)  #函数调用后的返回值
print('a=',a,'  b=',b)
print('c=',c,'  d=',d)
```

程序运行结果如图 6.4 所示。

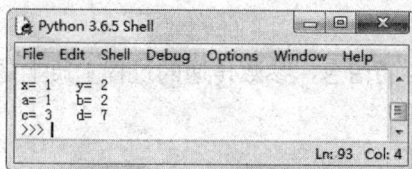

图 6.4　例 6.6 的程序运行结果

从结果可以看出，经过函数调用，a、b 的值没有变化。

3. 引用（地址）传递

如果实参是可变数据类型，如列表、字典、集合等，则将实参的地址传递给形参，此时形参与实参同指一个对象，因此，改变形参的值会影响实参。如果形参在函数执行过程中改变了指向，那么实参与形参就没有关联了，实参仍然指向原来的对象。引用（地址）传递示意图如图 6.5 所示。

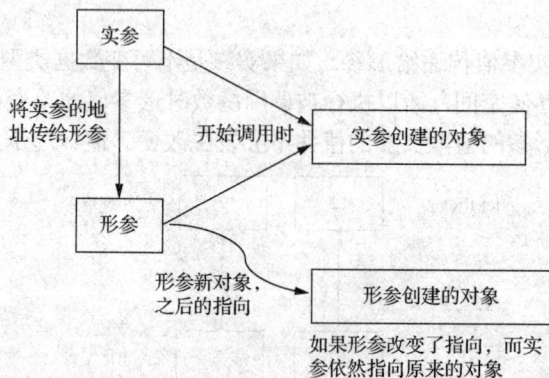

图 6.5　引用（地址）传递示意图

例 6.7 引用（地址）传递示例。

程序代码如下：

```
def fun(lst2):
    print('lst2=',lst2)
    lst2.append(-121)
#主程序
lst1=[4,3,9]  #实参
fun(lst1)
print('lst1=',lst1)
```

程序运行结果如图 6.6 所示。

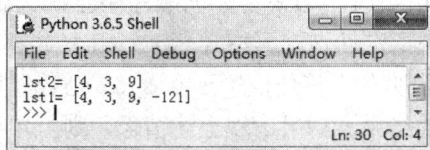

图 6.6　例 6.7 的程序运行结果

从结果可以看出，经过函数调用，形参 lst2 的变化引起实参 lst1 的值发生改变。

4. 参数的形式

函数调用是通过参数传递实现的。函数定义中可能包含多种形式的形参，同时，函数调用中也可能包含多种形式的实参。参数形式包括位置参数、关键字参数、带默认值参数等。

（1）位置参数

在调用函数时，实参传值给形参。一般情况下，实参的个数与形参的个数、位置一致，即实参是按出现的位置与形参对应的，与参数的名称无关，这样的参数称为位置参数。位置参数是必填的，调用函数时不传则会报错。

例 6.8 编写函数，输入学生姓名和年龄信息，然后输出。

程序代码如下：

```
def student_info(name,age):
    #显示学生信息
    print('我的名字是: '+name+'。')
    print('我的年龄是: '+age+'。')
#主程序
name=input('请输入学生姓名: ')
age=input('请输入学生的年龄: ')
student_info(name,age)
```

程序运行结果如图 6.7 所示。

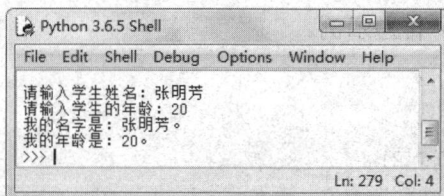

图 6.7　例 6.8 的程序运行结果

　　这个函数定义的形参包括学生的名字和年龄。调用 student_info()时，需要按顺序传递学生的名字和年龄。例如，在例 6.8 的函数调用中，实参"张明芳"传值给形参 name，实参"20"传值给形参 age。在函数体内，使用两个形参来显示学生的信息。

　　使用位置实参来调用函数时，如果实参的顺序不正确，则结果可能出乎意料。在例 6.8 函数调用中，如果先指定性别，再指定名字，由于实参"20"在前，这个值将传值给形参 name；同理，"张明芳"将传值给形参 age。函数调用后，将得到一个名字为"20"、年龄为"张明芳"的结果。如果出现上述情形，则一定要确认函数调用中实参传值的顺序与函数定义中形参的需求是否一致。

　　（2）关键字参数

　　在调用函数时，也可以明确指定把某个实参值传递给某个形参，此时的参数称为关键字参数，关键字参数不再按位置进行对应。关键字参数是传递给函数的"名-值"对。直接在实参列表中将形参名和实参值关联起来了，因此向函数传递实参时不会混淆。关键字实参无须考虑函数调用中的实参顺序，但清楚地指出了函数调用中各值的对应关系。

　　例 6.9　编写函数，求给定上底、下底和高的梯形面积并输出。

　　程序代码如下：

```python
def get_area(top,bottom,height):
    #求梯形的面积
    area=(top+bottom)*height/2
    print('area=',area)
#主程序
get_area(height=20,top=10,bottom=16)
```

　　程序运行结果如图 6.8 所示。

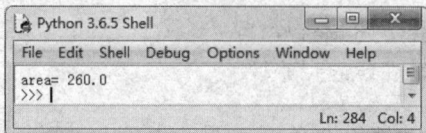

图 6.8　例 6.9 的程序运行结果

　　关键字参数主要指调用函数时的参数传递方式，与函数定义无关。通过关键字参数可以按参数名传递值，明确指出某个值传递给对应的某个参数，实参顺序可以和形参顺序不一致，但不影响参数值的传递结果，避免了程序设计过程中记忆参数位置和顺序的麻烦，使函数的调用和参数传递更加灵活方便。

（3）带默认值参数

定义函数时，可以给每个形参指定默认值，这个指定了默认值的参数被称为默认值参数。在函数调用时，可以直接使用默认值作为实参传给形参的值，也可以重新给形参指定新值。因此，给形参指定默认值后，可以在函数调用中省略相应的实参，简化函数调用，默认值参数是非必填的，如果不填，则会采用默认值。

例 6.10　定义函数，求圆的面积和周长并输出。

程序代码如下：

```python
def get_circle(radius=10):
    #显示圆的周长和面积
    area=3.14*radius**2
    print('area=',area)
    perimeter=2*3.14*radius
    print('perimeter=',perimeter)
#主程序
get_circle()
```

程序运行结果如图 6.9 所示。

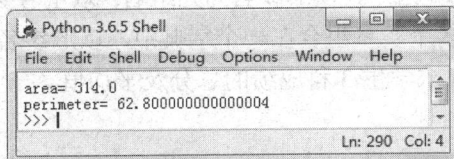

图 6.9　例 6.10 的程序运行结果

默认值参数必须出现在函数参数列表的最右端，且任何一个默认值参数右边不能有非默认值参数。位置参数、关键字参数和带默认值参数通常在调用函数时可以混合传值。

例 6.11　定义函数，显示宠物的信息。

程序代码如下：

```python
def describe_pet(pet_name,animal_type='狗'):
    #显示宠物的信息
    print('我有一只{}.'.format(animal_type))
    print('我的{0}的名字是{1}'.format(animal_type,pet_name))
#主程序
#调用函数，一只名为威廉的小狗
describe_pet(pet_name='威廉')
#调用函数，一只名为亨利的小仓鼠
describe_pet('亨利','小仓鼠')
describe_pet(pet_name='亨利',animal_type='小仓鼠')
describe_pet(animal_type='小仓鼠',pet_name='亨利')
```

程序运行结果如图 6.10 所示。

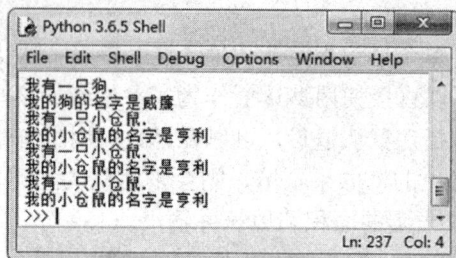

图 6.10　例 6.11 的程序运行结果

基于这种传参，在任何情况下都必须给 pet_name 提供实参，指定该实参时可以使用位置参数，也可以使用关键字参数，首先是位置参数，其次是关键字参数。如果要描述的 animal_type 不是"狗"，还必须在函数调用中给 animal_type 提供实参，同样，指定该实参时可以使用位置参数，也可以使用关键字参数，只要函数调用后能输出合理的结果即可。

（4）可变长度参数

可变长度参数主要有两种形式：单星号参数是在形参前加一个星号"*"，把传递过来的多个实参组合在一个元组中，以形参名为元组名；双星号参数是在形参前加两个星号"**"，把传递过来的多个实参组合在一个字典中，以形参名为字典名。

例 6.12　定义函数，求学生 3 科成绩的总分及平均值。

程序代码如下：

```
def sumScore(*score):
    sum=0
    for i in score:
        sum+=i
    ave=sum//len(score)
    return sum,ave
#主程序
sum1,ave1=sumScore(78,62,81,90,56,77,89)
print('总成绩={}，平均成绩={}'.format(sum1,ave1))
sum2,ave2=sumScore(95,61,72,87)
print('总成绩={0}，平均成绩={1}'.format(sum2,ave2))
```

程序运行结果如图 6.11 所示。

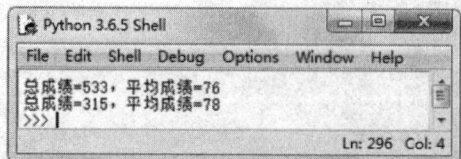

图 6.11　例 6.12 的程序运行结果

例 6.13 编写一个函数 calculator，可以接收某学生任意多门课的成绩，返回的是一个元组，元组的第一个值为平均成绩，第二个值是大于平均成绩的所有成绩（成绩比较好的课程）。

程序代码如下：

```
def calculator(*num):
    lst=[]
    avg=sum(num)/len(num)
    for i in num:
        if i>avg:
            lst.append(i)
    return int(avg),lst
#主程序
tup=calculator(78,90,76,77,92,77,80,65,83,95,68,86,76)
print(tup)
```

程序运行结果如图 6.12 所示。

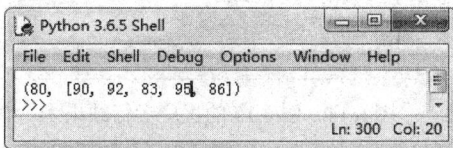

图 6.12 例 6.13 的程序运行结果

例 6.14 定义函数，统计来自河北省的学生人数。

程序代码如下：

```
def student(**stu):
    count=0
    for item in stu.values():
        if item=='河北':
            count+=1
    return count
#主程序
count=student(王晓杰='河北',张明芳='天津',王力='河北')
print('有%d个学生来自河北省'%count)
```

程序运行结果如图 6.13 所示。

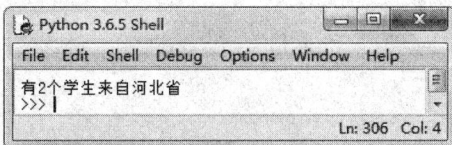

图 6.13 例 6.14 的程序运行结果

多种不同形式的参数可以混合使用，但是不建议这样做。

例 6.15　多种参数形式混合使用示例。

程序代码如下：

```
def func_4(a,b,c=4,*aa,**bb):
    print(a,b,c)
    print(aa)
    print(bb)
#主程序
func_4(1,2,3,4,5,6,7,8,9,xx='1',yy='2',zz=3)
func_4(1,2,3,4,5,6,7,xx='1',yy='2',zz=3)
```

程序运行结果如图 6.14 所示。

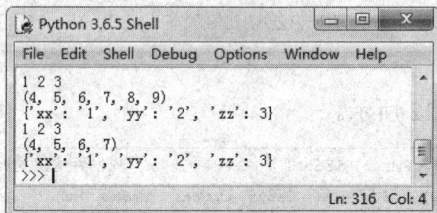

图 6.14　例 6.15 的程序运行结果

这种情况调用函数时，首先，按位置顺序传递参数；其次，按关键字传递参数；最后，多余的非关键字参数传递给一个星号"*"的元组。

（5）序列解包参数

序列解包是 Python 中非常重要、常用的一种传值方式，可以使用非常简洁的形式完成多个参数传值，大幅度提高了代码的可读性，减少了程序的输入量。

如果实参是组合数据类型，而形参需要的却是其中的元素值。可以在组合数据类型实参的前面加一个星号"*"，将组合数据类型实参值解包为元素值传递给形参。这种方法并不限于列表和元组，而是适用于任意序列类型（包括字符串）。只要形参的变量数目与序列中的元素数目相等，都可以使用这种方法将元素序列解包到另一组变量中。

例 6.16　定义函数，求工作日 5 天的平均温度。

程序代码如下：

```
def aveTemp(a,b,c,d,e):
    temp=(a,b,c,d,e)
    sum_temp=0
    for i in temp:
        sum_temp+=i
        ave_temp=sum_temp//len(temp)
    return ave_temp
#主程序
temp1=[34,32,27,28,32]
```

```
ave1=aveTemp(*temp1)
print('平均温度=',ave1)
```

程序运行结果如图 6.15 所示。

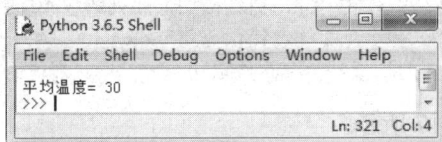

图 6.15　例 6.16 的程序运行结果

如果函数传递的实参为字典，则可以在前面加两个星号“**”进行解包，等价于关键字参数。

例 6.17　字典关键字参数示例。

程序代码如下：

```
def demo(a,b,c):
    print(a+b+c)
#主程序
dic={'a':1,'b':2,'c':3}
demo(**dic)
demo(a=1,b=2,c=3)
demo(*dic.values())
```

程序运行结果如图 6.16 所示。

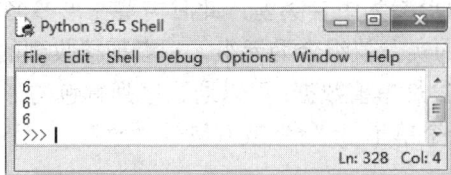

图 6.16　例 6.17 的程序运行结果

> **注意**
>
> 调用函数时，对实参序列使用一个星号“*”进行解包后，实参将会被作为位置参数对待，并且会在关键字参数和两个星号“**”序列解包的参数之前进行处理。

例 6.18　参数处理顺序示例。

程序代码如下：

```
def demo(a,b,c):      #定义函数
    print(a,b,c)
#主程序
demo(*(1,2,3))        #序列解包
demo(1,*(2,3))        #位置参数和序列解包同时使用
```

```
demo(1,*(2,),3)       #序列解包相当于位置参数，优先处理
#demo(a=1,*(2,3)),错误语句
#demo(b=1,*(2,3)),错误语句
demo(c=1,*(2,3))      #正确语句
#demo(**{'a':1,'b':2},*(3,)),错误语句,序列解包不能在关键字参数解包之后
#demo(*(3,),**{'a':1,'b':2}),错误语句
demo(*(3,),**{'c':1,'b':2}) #正确语句
```

程序运行结果如图 6.17 所示。

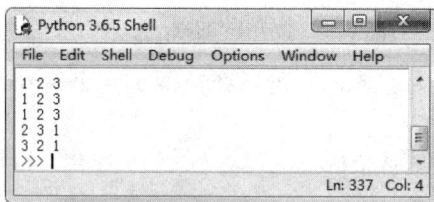

图 6.17　例 6.18 的程序运行结果

在定义函数时，可以混合使用多种参数传递方式，但要遵循以下规则：

① 关键字参数应放在位置参数后面。

② 一个星号 "*" 可变长参数必须在关键字参数后面。

③ 两个星号 "**" 可变长参数要放在一个星号 "*" 可变长参数后面。

实参与形参都是对应的简单类型，或实参和形参都是对应的组合类型，这两种情况直接按照位置参数、默认值参数、关键字参数传值即可。

实参是单值数据，而形参为组合类型：此时需要在形参名前加单星号 "*" 或双星号 "**"，前者把接收到的实参值组合为元组，后者把接收到的实参值组合为字典。

实参是组合类型，形参是单值数据：可以通过序列解包的形式把实参值传递给形参，此时需要在实参名前加一个单星号 "*" 或双星号 "**"。

6.2.4　lambda 函数表达式

lambda 函数可以用来声明匿名函数，即没有函数名的函数，只可以包含一个表达式，且该表达式的计算结果为函数的返回值，不允许包含其他复杂的语句，但在表达式中可以调用其他函数。

有些函数如果只是临时使用，而且其功能也比较简单，就可以定义为 lambda 函数。lambda 函数在 Python 程序设计中出现的频率较高，使用起来也非常灵活。lambda 函数的语法格式如下：

```
lambda[arg_1[,arg_2,…,arg_n]]:<expression>
```

其中，lambda 是关键字；arg_1、arg_2、…、arg_n 是参数列表，与 Python 中函数的参数列表类似；expression 是单行的、唯一的参数表达式，lambda 函数返回 expression 表达式的值。将 lambda 函数与定义函数相比，如图 6.18 所示。

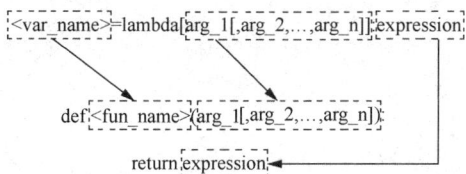

图 6.18　lambda 函数与定义函数相比的示意图

lambda 函数也有较为复杂的用法，这里只介绍几种简单的形式。

1）直接在 lambda 表达式后面传递实参。例如，执行语句"(lambda x,y:x if x>y else y)(12,21)"，其功能是判断括号中参数的大小，当 x>y 时，返回 x 值，否则返回 y 值，该语句返回的结果为 21。

2）将 lambda 表达式的执行结果赋值给一个变量，通过这个变量赋值间接执行 lambda 函数。例如，语句"sum=lambda x,y:x+y"，定义了求和函数"lambda x,y:x+y"，将结果赋值给变量 sum。执行"sum(12,21)"，输出结果为 33。

上述语句等价于自定义函数：

```
def sum(x,y):
    return x+y
print(sum(12,21))
```

3）在组合数据类型中使用 lambda 函数生成元素值。例如，执行语句"lst1=[(lambda x:x**2)(2),(lambda x:x**3)(3),(lambda x:x**4)(4)]"，则列表 lst1 中的元素为[4, 27, 256]。

简言之，lambda 函数用于定义简单的、能够在一行内表示的函数，返回一个执行结果。lambda 函数能接收任何数量的参数，但只能返回一个表达式的值，同时，只能处理输出的内容，不可以包含命令或多个表达式。

6.3　变量作用域

在 Python 程序中，一个变量可以被访问的区域称为作用域。根据作用域的不同，可以将变量分为局部变量和全局变量。由于函数体内创建的变量只能在函数内部使用和访问，在该函数体内起作用，因此称这样的变量为局部变量。与之对应，如果一个变量在函数之外定义，则可以被程序的任何部分使用和访问，在整个程序内起作用，这样的变量称为全局变量。

局部变量不能在函数体以外的位置使用，函数执行结束时，其局部变量被 Python 撤销，不再起作用。如果在函数内部定义与全局变量同名的局部变量，则全局变量在函数外部起作用，局部变量在函数内部起作用。如果函数内部没有定义与全局变量同名的局部变量，则全局变量在函数内部、外部都起作用，如图 6.19 所示。

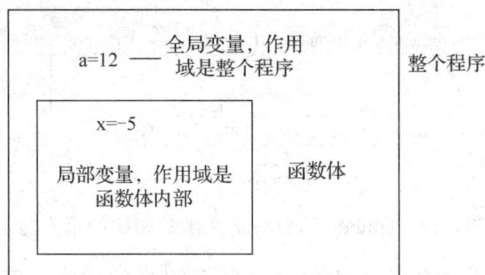

图 6.19　局部变量与全局变量示意图

例 6.19　局部变量示例。

程序代码如下：

```
def fun(x):
    y=x
    print('局部 x=',x)
    print('局部 y=',y)
#主程序
a=81
fun(a)
print('y=',y)          #y 为局部变量，在主程序中访问不到，会报错
```

程序运行结果如图 6.20 所示。

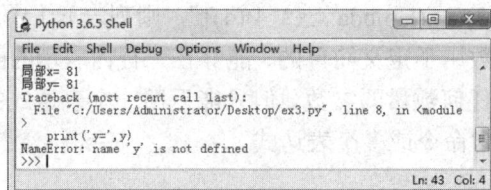

图 6.20　例 6.19 的程序运行结果

图 6.20 的运行结果说明了局部变量 x、y 只在函数体内部起作用，在主程序中访问不到。

如果需要在函数内部为某个全局变量赋值，同时保持该全局变量的性质不变，则可以使用关键字 global 进行声明，声明之后，在函数内部对全局变量的赋值是使用已有的全局变量，而不是新定义的局部变量。

例 6.20　global 全局变量示例。

程序代码如下：

```
def fun():
    global lst1 #用 global 声明
    lst1=[6,7,8,9,10]
    str1='你好，世界！'
    print('函数内部 lst=',lst1)
    print('函数内部 str1=',str1)
#主程序
```

```
lst1=[1,2,3,4,5]
str1='hello world!'
fun()
print('主程序 lst1=',lst1)
print('主程序 str1=',str1)
```

程序运行结果如图 6.21 所示。

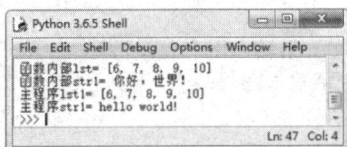

图 6.21 例 6.20 的程序运行结果

图 6.21 的运行结果说明了两个全局变量 lst1 和 str1 在函数内部都进行了重新赋值，在函数外部，只有用 global 声明的全局变量 lst1 保存了新的赋值。

例 6.21 模拟系统菜单的应用。如果选择"登录本系统"，当用户名和密码输入正确时，输出"登录成功！欢迎进入本系统！"，否则输出"用户名或密码错误！请重新登录！"，并返回菜单；如果选择"修改密码"，当用户名和密码输入正确时，提示"请输入新密码："并提示"密码修改成功，请重新登录！"，并返回菜单，否则输出"用户名或密码错误！请重新输入！"，并返回菜单；如果选择"退出"，则退出菜单并输出"已经退出本系统！谢谢使用。"。默认用户"josn"，密码"123"。

程序代码如下：

```
def  login(username,password):
    global User_name,Pass_word,TT
    if username==User_name and password==Pass_word:
        print('\n 登录成功！\n 欢迎进入本系统！')
        TT=False
    else:
        print('\n 用户名或密码错误！\n 请重新登录！\n')
        TT=True
def modify(username,password):
    global User_name,Pass_word,TT
    if username==User_name and  password==Pass_word:
        Pass_word=input('\n 请输入新密码：')
        print('\n 密码修改成功，请重新登录！\n')
    else:
        print('\n 用户名或密码错误！\n 请重新输入！')
    TT=True
def menu():
    print('*********************')
    print('*  1. 登录本系统    *')
    print('*  2. 修改密码      *')
    print('*  0. 退出          *')
    print('*********************')
    info=input('请输入序号(1/2/0)：')
```

```
        return info
#主程序
User_name='josn'
Pass_word='123'  #默认用户名'josn'、密码'123'
TT=True
while TT:
    x=menu()
    if x=='1' or x=='2':
        Username=input('\n 请输入用户名: ')
        Password=input('请输入密码: ')
        if x=='1':
            login(Username,Password)
        else:
            modify(Username,Password)
    else:
        print('\n 已经退出本系统！\n 谢谢使用。')
        break
```

程序运行结果如图 6.22 所示。

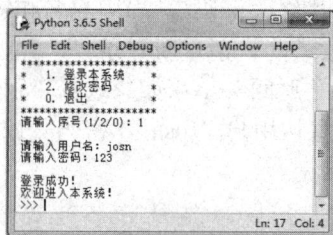

图 6.22 例 6.21 的程序运行结果

此例，在函数 modify()中将 Password 以 global 关键字修饰，实现了函数内部修改全局变量的操作，读者可以尝试去掉 global 关键字，看看会出现怎样的结果。

6.4 函数嵌套与递归

函数的多级调用有两种形式：一是函数嵌套，二是函数递归。

6.4.1 函数嵌套

在函数的多级调用中，如果函数 f1()、f2()、…、fn()各不相同，则称为函数嵌套。

例 6.22 求 100～200 之间能够被 3 整除的数之和。

分析：设计两个函数，一个是 sum()，用于求若干个数之和；另一个是 fun()，用于判定某个数能否被 3 整除。主程序调用函数 sum()，函数 sum()再调用函数 fun()。

程序代码如下：

```
def fun(num):
    if(num%3==0):
```

```
            b=True
        else:
            b=False
        return b
def sum(m, n):
        sum=0
        for i in range (m,n+1):
            if(fun(i)):
                sum+=i
        return sum
#主程序
print(sum(100,200))
```

程序运行结果如图 6.23 所示。

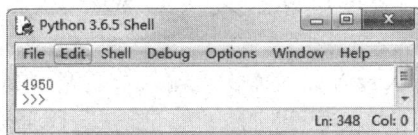

图 6.23　例 6.22 的程序运行结果

6.4.2　函数递归

在函数的多级调用中，如果函数 f1()、f2()、…、fn()中有相同的，即存在某个函数直接或间接地调用到本身，则称为函数递归。函数递归可以看作函数嵌套的特例。

例 6.23　利用递归，求某个数的阶乘。

程序代码如下：

```
def fact(n):
    if(n==0 or n==1):
        fac=1
    else:
        fac=n*fact(n-1)
    return fac
#主程序
m=int(input('请输入求阶乘的数 m='))
print('m!=', fact(m))
```

程序运行结果如图 6.24 所示。

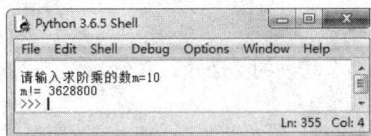

图 6.24　例 6.23 的程序运行结果

递归调用的思想是：由大到小，即大问题分解成若干个小问题，再继续分解成若干个小问题，最后的小问题是已知或很好解决的。以例 6.23 定义的函数为例进行说明，取 n=5，如图 6.25 所示。

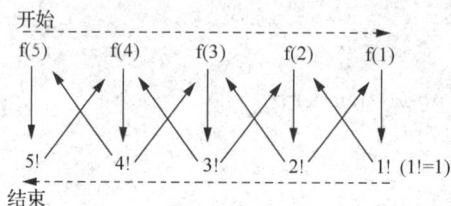

图 6.25　阶乘函数 f(5)递归调用示意图

6.5　实　　验

实验 6.1　定义函数，求长方体的体积。输入长、宽、高的值，然后输出长方体的体积。

程序代码如下：

```
def getVol(length,width,height):
    vol=length*width*height
    return vol
#主程序
length=float(input('长: '))
width=float(input('宽: '))
height=float(input('高: '))
vol=getVol(length,width,height)
print('长: %s ,宽: %s ,高: %s,体积: %s'%(length,width,height,vol))
```

阅读程序，解释各语句的功能；运行程序并分析程序的运行结果。

实验 6.2　定义求解一元二次方程 $ax^2+bx+c=0$ 的函数，从键盘输入 3 个系数 a、b、c，然后调用该函数求解一元二次方程的根。

程序代码如下：

```
def myfun(a,b,c):
    delta=b**2-4*a*c
    print('delta 判别式为: ', delta)
    if delta<0:
        print('此方程无实数解。')
    elif delta==0:
        x=-b/(2*a)
        print('此方程有两个相同的实数根，其值为: %f'%x)
    else:
        x1=(-b+delta**0.5)/(2*a)
        x2=(-b-delta**0.5)/(2*a)
```

```
        print('此方程有两个不同的实数根。')
        print('x1=',x1)
        print('x2=',x2)
#主程序
a=float(input('请输入 a: '))
b=float(input('请输入 b: '))
c=float(input('请输入 c: '))
myfun(a,b,c)
```

阅读程序，解释各语句的功能；运行程序求解 $2x^2-11x+4=0$ 的根，并分析程序的运行结果。

实验 6.3　模拟轮盘抽奖游戏。轮盘分为 3 部分：一等奖、二等奖和三等奖。轮盘停止的位置是随机的，如果范围在[0,0.01)之间，则代表一等奖；如果范围在[0.01,0.3)之间，则代表二等奖；如果范围在[0.3,1.0)之间，则代表三等奖。

程序代码如下：

```
import random
rewardDict={'一等奖':[0,0.01),'二等奖':[0.01,0.3),'三等奖':[0.3,1)}
def rewardFun():
    num=random.random()
    for k,v in rewardDict.items():
        if v[0]<=num<v[1]:
            return k
#主程序
resultDict={}
for i in range(1000):
    res=rewardFun()
    if res not in resultDict:
        resultDict[res]=1
    else:
        resultDict[res]=resultDict[res]+1
for k,v in resultDict.items():
    print(k,'---------->',v)
```

阅读程序，解释各语句的功能及各变量的含义；运行程序并分析程序的运行结果。

实验 6.4　输出唐诗。定义函数，根据传递的参数决定输出唐诗的诗名、作者、朝代信息，并使用 50 个星号（*）分隔每一次的输出结果。

程序代码如下：

```
def ancient_poetry(poetry_name,is_show_title,is_show_dynasty):
if poetry_name=='绝句':
        if is_show_title==True:
            print('绝句　杜甫')
        if is_show_dynasty==True:
            print('唐朝')
        print('两个黄鹂鸣翠柳，一行白鹭上青天。窗含西岭千秋雪，门泊东吴万里船。')
elif poetry_name=='清平调·其一':
```

```
        if is_show_title==True:
            print('清平调·其一   李白')
        if is_show_dynasty==True:
            print('唐朝')
        print('云想衣裳花想容,春风拂槛露华浓。若非群玉山头见,会向瑶台月下逢。')
for i in range(0,50):
    print('*',end=' ')
#主程序
ancient_poetry('绝句',True,True)
print('')
ancient_poetry('清平调·其一',True,True)
print('')
```

阅读程序,解释各语句的功能;运行程序并分析程序的运行结果。

习 题

一、选择题

1. 下列（　　）关键字用来自定义函数。

    A. function   B. func   C. def   D. procedure

2. 下列选项中,有关函数的描述错误的是（　　）。

    A. 提高代码执行速度   B. 复用代码

    C. 增强代码可读性   D. 降低编程复杂度

3. 关于局部变量和全局变量,下列选项中描述错误的是（　　）。

    A. 局部变量的作用域仅在函数体内

    B. 可以使用 global 关键字在函数内部改变全局变量

    C. 函数调用结束后,局部变量不能被释放

    D. 局部变量定义在函数内部,与全局变量可以重名

4. 关于形参和实参的描述,下列选项中描述正确的是（　　）。

    A. 函数定义中参数列表中的参数是实际参数,简称实参

    B. 调用函数时参数列表中的参数是形式参数,简称形参

    C. 函数在调用时,将实参传递给函数的形参

    D. 函数在调用时,将形参传递给函数的实参

5. 使用（　　）关键字声明匿名函数。

    A. function   B. func   C. def   D. lambda

二、填空题

1. 没有 return 语句的函数将返回_____。

2. 函数参数分为_____和_____两种类型。

3. 在函数内部可以通过关键字_____来定义全局变量。

4. 已知"f=lambda x:x+5",那么表达式 f(3)的值为_____。

5. 已知"g=lambda x,y=3,z=5:x+y+z",那么表达式 g(2)的值为_____。

三、阅读程序题

1. 下列 Python 语句的输出结果是_____。

```
def changeInt(number2):
    number2=number2+1
    print('changeInt:number2=',number2)
#主程序
number1=2
changeInt(number1)
print('number1:',number1)
```

2. 下列 Python 语句的输出结果是_____。

```
def exchange(a,b):
    a,b=b,a
    return(a,b)
#主程序
x=10
y=20
x,y=exchange(x,y)
print(x,y)
```

3. 下列程序执行后,y 的值是_____。

```
def f(x,y):
    return x**2+y**2
#主程序
y=f(f(1,3),5)
print(y)
```

4. 下列代码的输出结果是_____。

```
def fib(n):
    a,b=1,1
    for i in range(n-1):
        a,b=b,a+b
    return a
#主程序
print(fib(3))
```

5. 下列 Python 语句的输出结果是_____。

```
f1=lambda x:x*2
f2=lambda x:x**2
print(f1(f2(2)))
```

四、程序填空题

1. 定义函数,返回两个数的平方和,完成如下填空。

```
def psum(___):
    ___ a**2+b**2
```

2. 下列程序的功能是定义函数，求长方形的面积和周长。调用函数输出给定长、宽的长方形面积和周长，完成如下填空。

```
def rectangle(length,width): #函数定义
    area=length*width
    perimeter=2*(length+width)
    print('长方形面积为：',___)
    print('长方形周长为：',perimeter)
#主程序
____    #函数调用
```

3. 判断某一年是否为闰年。判断闰年的条件是：年份能被 4 整除但不能被 100 整除，或者能被 400 整除。

```
def f(year):
    if year%100==0:
        if year%400==0:
            ans=___
        else:
            ans=False
    else:
        if ___==0:
            ans=True
        else:
            ans=False
    return ans
#主程序
x=input('请输入某个年份，判断其是否为闰年：')
print(f(int(x)))
```

4. 编写程序，计算形式如 a+aa+aaa+aaaa+⋯+aaa⋯aaa 的表达式的值，其中 a 为小于 10 的自然数，a 的数值决定了加和中最后一个数的位数，即若 a 取 3，则计算式为 3+33+333。

```
def demo(n):
    n=___
    result, t=0, 0
    if n>=0 and n<10:
        for i in range(n):
            t=t*10+n
            result+=t
    else:
        print('你输入的数据有误！')
    return ___
#主程序
```

```
number=input('请输入一个小于10的自然数:')
print(demo(number))
```

5. 编写程序，企业发放的奖金根据利润提成。利润低于或等于10万元时，奖金可提成10%；利润高于10万元、低于20万元时，低于10万元的部分按10%提成，高于10万元的部分，提成7.5%；20万~40万元之间时，高于20万元的部分，提成5%；40万~60万元之间时，高于40万元的部分，提成3%；60万~100万元之间时，高于60万元的部分，提成1.5%；高于100万元时，超过100万元的部分按1%提成。通过键盘输入当月利润，求应发放的奖金。

```
def get_bonus(data):
    if data<100000:
        print(____*0.1)
    elif data<200000:
        print((data-100000)*0.075+100000*0.1)
    ____ data<400000:
        print((data-200000)*0.05+100000*0.075+100000*0.1)
    elif data<600000:
        print((data-400000)*0.03+200000*0.05+1000e0*0.075+100000*0.1)
    elif data<1000000:
print((data-600000)*0.015+200000*0.015+200000*0.05+100000*0.075+100000
*0.1)
    else:
print((data-1000000)*0.01+400000*0.015+200000*0.015+200000*0.05+100000
*0.075+100000*0.1)
    #主程序
data=float(input('请输入当月利润：'))
get_bonus(data)
```

五、编程题

1. 定义阶乘函数 $f(n)=n!$，调用该函数求组合数 C_{12}^5。

2. 定义函数，当输入某年某月某日时，输出该日是这一年的第几天。例如，输入1980年3月22日，输出82。

3. 构造一个等差数列的函数，参数包括等差数列的起始值、终止值及公差，注意公差可以为负数。

4. 假设有3个列表：lst_who=['小马','小羊','小鹿']，lst_where=['在草地上','在电影院','在家里']，lst_what=['看电影','听故事','吃晚饭']。编写函数，随机生成3个0~2范围的整数，将其作为索引分别访问3个列表中的对应元素，然后进行造句。例如，随机生成3个整数分别为1、0、2，则输出句子为"小羊在草地上吃晚饭"。

5. 编写函数，模拟猜数游戏。系统随机产生一个1~100以内的数，玩家最多可以猜5次，系统会根据玩家的猜测进行提示，玩家则可以根据系统的提示对下一次的猜测进行适当的调整。

第 7 章　Python 的文件操作

在程序运行过程中，变量、序列等存储的数据保存在内存中，是临时的，如果程序结束，数据就会丢失。为了达到长时间保存数据的目的，需要把数据保存到磁盘文件中。本章主要介绍 Python 提供的内置文件对象和对文件、目录操作的内置模块，可以很方便地将数据保存到磁盘文件，需要时再进一步读取使用。

7.1　文　件　概　述

文件由一系列彼此有一定联系的数据构成，一段视频、一张图片、一段代码都可以被保存为一个文件。任何文件都有文件名和文件路径两个属性，它们可以唯一地标识一个文件，是存取文件的依据。例如，"D:/Python_data/CDNOW_master.txt"指 CDNOW_master.txt文件存放在 D:/Python_data 路径下，".txt"指出了文件类型。

文件根据其数据的组织形式不同，可以分为二进制文件和文本文件。

二进制文件存储的是字节流，数据存储的是其在内存中的实际二进制数的数值。图形文件、视频文件、可执行文件都是二进制文件。

文本文件是指以 ASCII 值方式（也称文本方式）存储的文件，它本质上存储的是一个很长的字符串。英文、数字等字符存储的是字符的 ASCII 值，而汉字存储的是汉字的机内码。文本文件由于存在统一的字符编码，内容容易统一展示和阅读，通常可以用记事本或其他文本编辑器打开或编辑。扩展名为.txt 的文件即常见的文本文件。

以整数 12345 为例，用文本文件存储，是把 12345 看作字符串"12345"，每一位存储的是对应字符的 ASCII 值："1"存储的是 1 的 ASCII 值 00110001B；"5"存储的是5 的 ASCII 值 00110101B。用二进制文件的存储，保存的是 12345 这个整数的二进制形式，十进制整数 12345 对应的十六进制数为 3039H，对应的二进制数只需存储 2 字节，即为 00110000 00111001B。具体如图 7.1 所示。

文本文件："12345"的每一位以字符（ASCII值）的形式存储

00110001	00110010	00110011	00110100	00110101

二进制文件：整数12345转换为二进制

00110000	00111001

图 7.1　文本文件和二进制文件的数据存储的区别

7.2 基本文件操作

Python 可以对文件进行读取、修改等基本操作。文件操作一般包括打开文件、读写文件、关闭文件 3 个步骤，顺序不能乱。

文件操作时，离不开文件指针。文件指针用于指明文件读写的位置。假如把一个个数据当成圆盘，文件就是装满圆盘的长带子，而文件指针就指向文件当前要读写的位置，表明了文件将要从哪个位置开始读写数据。图 7.2 简单示意了文件指针的含义。

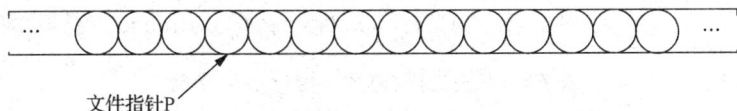

图 7.2 文件指针示意

Python 中操作二进制文件读写的每个数据是一个字节，操作文本文件读写的每个数据是一个字符。

7.2.1 打开文件

文件需要先打开，才能进行读写。打开文件的作用有以下两个。

1）为要打开的文件创建一个文件对象（文件句柄），建立文件和文件对象之间的关联。对文件的操作，都是通过与之关联的文件对象进行的。

2）指定文件的使用方式、编码格式等。

Python 提供的内置函数 open()，可以创建或打开一个文件，其语法格式如下：

```
file=open(<file_name>[,mode='r'][,buffering=-1][,encoding=None]
[,newline=None])
```

返回值：file，是一个文件对象（文件句柄）。

常用参数说明如下。

1）file_name 表示要打开的文件名称，包含相对路径或绝对路径。绝对路径、相对路径是指从磁盘提示符到最末一级文件夹都明确提供，指明了文件的全部存储路径，如"C:/Windows/System32"是绝对路径。"/System32"是相对路径，相对路径表示前面没有显示的路径已知。一般用 os.chdir()方法改变当前文件夹到指定的路径，其中 os 是 operation system（操作系统）的缩写，它是 Python 对操作系统操作接口的封装。

2）mode 表示文件的打开模式。它决定了后续可以对文件做哪些操作。例如，用 r 模式打开的文件，后续编写的代码只能读取文件，而无法修改文件内容。Mode 参数的取值说明如表 7.1 所示。

表 7.1 mode 参数的取值说明

mode 参数		说明
文件操作格式	r	读模式（默认）
	w	写模式
	a	追加模式
	+	读写模式，不能单独使用，需要与 r/w/a 之一连用
文件格式	b	二进制文件
	t	文本文件（默认，可省略）

表 7.2 和表 7.3 分别给出了二进制文件和文本文件读写时 mode 参数取值的组合说明。

表 7.2 打开二进制文件时的 mode 参数

mode 参数	说明
rb	以二进制格式打开一个文件用于只读。文件指针放在文件的开头，一般用于非文本文件
rb+	以二进制格式打开一个文件用于读写。文件指针放在文件的开头，一般用于非文本文件
wb	以二进制格式打开一个文件只用于写入。如果该文件已存在则打开文件，并从开头开始编辑（原有内容会被删除）；如果该文件不存在，则创建新文件。一般用于非文本文件
wb+	以二进制格式打开一个文件用于读写。如果该文件已存在则打开文件，并从开头开始编辑（原有内容会被删除）；如果该文件不存在，则创建新文件。一般用于非文本文件
ab	以二进制格式打开一个文件用于追加。如果该文件已存在，则文件指针将会放在文件的结尾。也就是说，新的内容将会被写入原有内容之后；如果该文件不存在，则创建新文件进行写入
ab+	以二进制格式打开一个文件用于追加。如果该文件已存在，则文件指针将会放在文件的结尾；如果该文件不存在，则创建新文件用于读写

表 7.3 打开文本文件时的 mode 参数

mode 参数	说明
r	以只读方式打开文件。文件的指针将会放在文件的开头。这是默认模式
r+	打开一个文件用于读写。文件指针将会放在文件的开头
w	打开一个文件只用于写入。如果该文件已存在则打开文件，并从开头开始编辑（原有内容会被删除）；如果该文件不存在，则创建新文件
w+	打开一个文件用于读写。如果该文件已存在则打开文件，并从开头开始编辑（原有内容会被删除）；如果该文件不存在，则创建新文件
a	打开一个文件用于追加。如果该文件已存在，则文件指针放在文件的结尾。也就是说，新的内容将会被写入原有内容之后。如果该文件不存在，则创建新文件进行写入
a+	打开一个文件用于读写。如果该文件已存在，文件指针将会放在文件的结尾。文件打开时会是追加模式。如果该文件不存在，则创建新文件用于读写

例 7.1 以默认参数打开文件。
程序代码如下：

```
>>> file=open("poem.txt")
```

以默认参数打开文件，即以 "r" 模式打开文本文件，此时要求文件 poem.txt 已经在程序路径下存在。如果文件不存在，则运行结果提示"FileNotFoundError"（文件不存在错误）异常。

```
Traceback (most recent call last):
  File "<pyshell#6>", line 1, in <module>
    file=open("poem.txt")
FileNotFoundError: [Errno 2] No such file or directory: 'poem.txt'
```

一般地，为了防止文件不存在发生异常，通常设置以"w"或"a"模式打开文件。如果以"w"或"a"模式打开文件且文件不存在，则会生成该文件。

例 7.2　以"w"模式打开文本文件。

程序代码如下：

```
>>> file=open("poem.txt", "w")
>>> file
<_io.TextIOWrapper name='poem.txt' mode='w' encoding='cp936'>
```

如果文件 poem.txt 在程序路径下不存在，将生成一个新的空文件 poem.txt。如果文件 poem.txt 已经存在，则打开现有文件。如果 mode 参数为"a+"，则打开已有文件后，指针将指向文件末尾，可以直接追加数据写入文件。

例 7.3　以"ab+"模式打开图片文件。

程序代码如下：

```
>>> file=open("pic.png", mode="ab+")
>>> file
<_io.BufferedRandom name='pic.png'>
```

图片文件是二进制文件，所以使用"b"模式打开。"a"模式说明：如果在程序运行路径下存在 pic.png 文件，则直接打开该文件，文件指针指向文件末尾，可以直接追加数据；如果文件不存在，则生成 pic.png 文件。例 7.3 程序生成的 pic.png 文件如图 7.3 所示。

图 7.3　例 7.3 程序生成的 pic.png 文件

3）encoding 用于指定打开文本文件使用的编码格式，默认为 None，即不指定编码格式，采用系统默认的编码。Python 内置的编码还有 utf-8、ascii、utf-16 和 utf-32 等。

例 7.4　按指定编码格式打开文件。

程序代码如下：

```
>>> file=open("poem.txt",encoding="utf-8")
>>> file
<_io.TextIOWrapper name='poem.txt' mode='r' encoding='utf-8'>
```

注意

1）打开文件使用的编码格式应与文件实际的编码格式一致。

2）encoding 参数仅限于以文本模式打开文件时进行设定。二进制模式打开文件不支持设定 encoding 参数，否则会抛出异常 "ValueError: binary mode doesn't take an encoding argument"（异常：二进制模式打开文件不支持设定 encoding 参数）。

7.2.2 关闭文件

文件在打开之后，不论是否读写修改，都必须及时关闭。因为文件操作属于资源管理操作，资源是有限的。在写程序时，必须保证资源在使用后得到释放，否则容易造成资源泄露，轻者使系统运行缓慢，严重时会导致系统崩溃。关闭文件的语法格式如下：

```
file.close()
```

文件关闭后，不能再读写文件。如果忘记关闭文件，则对文件进行其他操作时会提示文件被占用。

例 7.5 关闭文件。

程序代码如下：

```
import os
os.chdir('D:/Python_data')  #改变当前路径
file=open("hello.txt")
print(file.read())            #读文件
file.close()
print(file.read())
```

程序运行结果如图 7.4 所示。文件关闭前，文件内容被成功读取并输出。文件关闭后再读取文件，提示 "ValueError: I/O operation on closed file"（异常：关闭文件后不能再进行输入/输出操作）。

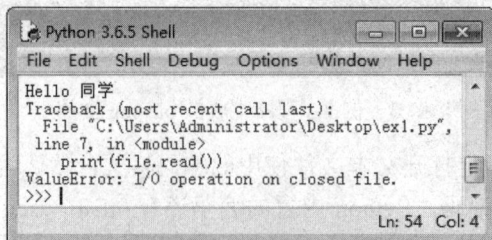

图 7.4 例 7.5 的程序运行结果

Python 还可以使用 with 语句操作文件对象。这样不管在文件操作过程中是否发生异常，都能保证 with 语句执行完毕后自动调用 close()函数关闭打开的文件对象，其语法格式如下：

```
with open(file_name, mode) as file:
    file.读写操作
```

通过使用 with 语句，即使最终没有写关闭文件的语句，文件操作也能成功。

例 7.6　使用 with 语句操作文件。

程序代码如下：

```
import os
os.chdir('D:/Python_data')  #改变当前路径
with open(hello.txt') as file:
    file.read()
os.remove('poem.txt'))        #删除文件
```

程序运行结束，poem.txt 被成功删除。这段代码中没有 file.close()语句，但文件已被成功关闭。

7.2.3　读写文件

使用 open()函数打开文件，获得文件对象（文件句柄）之后，就可以对文件内容进行读写操作了。对文件的操作，都是通过与之关联的对象（文件句柄）进行的。

常用的读写文件的方法如表 7.4 所示。

表 7.4　常用的读写文件的方法

函数	说明
file.read([size])	从文件读取指定的字节数，如果 size 未给定或为负则读取所有
file.readline([size])	读取整行，包括 "\n" 字符
file.readlines([sizeint])	读取所有行并返回列表，若给定 sizeint>0，则设置一次读多少字节，可减轻读取压力
file.seek(offset[, whence])	设置文件位置。offset 表示相对于 whence 的偏移量，单位是字节。whence：可选，默认值为 0，0 代表从文件开头算起，1 代表从当前位置算起，2 代表从文件末尾算起
file.tell()	返回文件当前位置
file.truncate([size])	截取文件，截取的字节通过 size 指定，默认为当前文件位置
file.write(str)	将字符串写入文件，返回的是写入的字符长度
file.writelines(sequence)	向文件写入一个序列字符串列表，如果需要换行则要加入每行的换行符
file.flush()	刷新文件内部缓冲，直接把内部缓冲区的数据立刻写入文件

其中，函数 read()、readline()、readlines()用于读文件；函数 write()、writelines()用于写文件；函数 seek()、tell()用于调整文件指针的位置；函数 truncate()、flush()用于辅助实现快速读写。

1.　read()函数

read()函数的语法格式如下：

```
file.read([size=-1])
```

功能：从当前位置开始，读取 size 参数大小的数据。当 size=0 或不设置时，读取全部文件内容。使用 read()函数时，文件必须使用可读模式打开，即 mode 设置为 r、r+、w+、a+等。

例 7.7　使用 read()函数读取文件 poem.txt 内容。

程序代码如下：

```
import os
os.chdir('D:/Python_data')
file=open('poem.txt')
print(file.read())
file.close()
```

程序运行结果如图 7.5 所示。

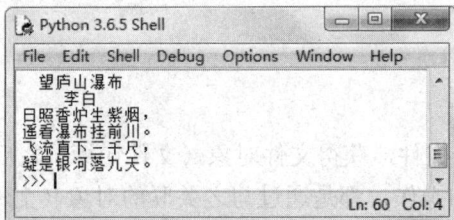

图 7.5　例 7.7 的程序运行结果

例 7.8　使用 read()函数读取文件 poem.txt 的前 18 个字符内容。

程序代码如下：

```
import os
os.chdir('D:/Python_data')
file=open('poem.txt')
print(file.read(18))
file.close()
```

程序运行结果如图 7.6 所示。

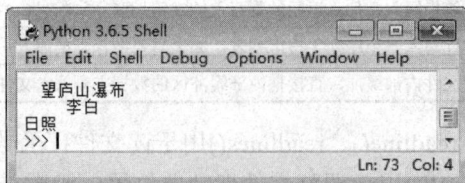

图 7.6　例 7.8 的程序运行结果

默认打开文件后，文件指针指向文件开头，所以从第一个字符开始读取了 18 个字符。

2. readline()函数

readline()函数的语法格式如下：

```
file.readline([size=-1])
```

功能：读取文件中的一行，包含最后的换行符"\n"。size 为可选参数，用于指定读取每一行时，一次最多读取的字符（字节）数。当 size=0 或不设置时，读取当前行。

由于文件一般由多行构成，经常在循环下利用 readline()函数实现逐行读取文件，更方便。如果文件很大，还可以避免文件一次性读取全部内容到内存、占据内存过多的问题。

例 7.9　使用 readline()函数读取并输出"poem.txt"的第 1 行和第 4 行。

程序代码如下：

```
import os
os.chdir('D:/Python_data')
file=open('poem.txt')
str1=file.readline()        #读取第 1 行
print(str1)
file.readline()             #读取第 2 行
file.readline()             #读取第 3 行
str2=file.readline()        #读取第 4 行
print(str2)
file.close()
```

程序运行结果如图 7.7 所示。

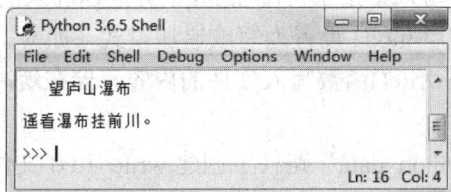

图 7.7　例 7.9 的程序运行结果

3. readlines()函数

readlines()函数的语法格式如下：

```
file.readlines([size=-1])
```

功能：读取文件中的所有行，返回一个字符串列表，列表中的每个元素为文件中的一行内容。size 为可选参数，当 size=0 或不设置时，与 read()函数类似，都能实现读取全部文件内容的功能。

例 7.10　使用 readlines()函数读取"poem2.txt"中的所有行。

程序代码如下：

```
import os
os.chdir('D:/Python_data')
file=open('poem2.txt',encoding='utf-8')   #文本文件按编码"utf-8"存储
lst=file.readlines()
```

```
print(lst)
file.close()
```

程序运行结果如图 7.8 所示。

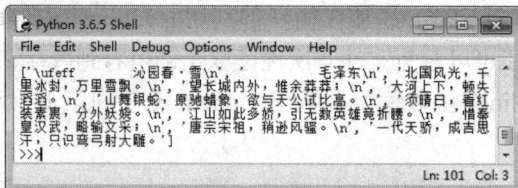

图 7.8　例 7.10 的程序运行结果

注意

----

utf-8 编码的文件，开头会有一个字符\ufeff，在读文件时会读到它。

----

4. write()函数

write()函数的语法格式如下：

```
length=file.write([<string>])
```

功能：用于向文件中写入指定字符串 string，并返回写入的字符串长度。

文件打开时，必须使用 mode 设置为写或追加模式（如 w、w+、a、a+、r+），才能使用 write()函数写文件。write()函数写入文件的内容存储在缓冲区，当文件关闭时，缓冲区的数据才被写入文件。

例 7.11　在 "'D:/ Python_data" 路径下创建 write_1.txt 文件，并使用 write()函数写入内容。

程序代码如下：

```
import os
os.chdir('D:/Python_data')
with open('write_1.txt',mode ='w',encoding ='utf-8') as file:
    ln=file.write('Python 是一门既简单又容易学的计算机高级语言。')
    print('写入文件，长度',ln)
file.close()
```

程序运行结果如图 7.9 所示。运行后，在文件路径下新创建了一个 write_1.txt 文件，内容是 "Python 是一门既简单又容易学的计算机高级语言。"。

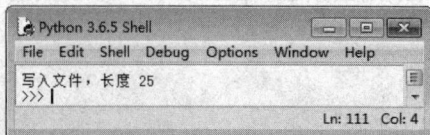

图 7.9　例 7.11 的程序运行结果

例 7.12　再次写 write_1.txt 文件，关闭文件前后分别观察文件内容。

程序代码如下：

```
import os
os.chdir('D:/Python_data')
file=open('write_1.txt',mode ='w',encoding ='utf-8')
ln=file.write('黑发不知勤学早，白首方悔读书迟')
```

此段程序没有文件关闭语句 file.close()，执行程序后查看文件内容，如图 7.10 所示，文件为空。

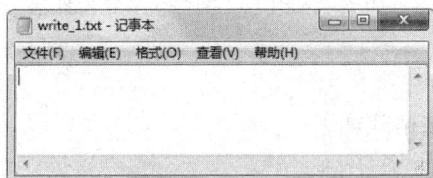

図 7.10　例 7.12 第一次执行程序后的运行结果

此时，在程序最后增加文件关闭语句 file.close()。

```
import os
os.chdir('D:/Python_data')
file=open('write_1.txt',mode ='w',encoding ='utf-8')
ln=file.write('黑发不知勤学早，白首方悔读书迟')
file.close()      #关闭文件
```

再次运行程序，运行结果如图 7.11 所示。

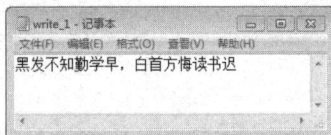

図 7.11　例 7.12 增加 file.close()，执行程序后的运行结果

因为文件打开模式是"w"，文件打开时，原有内容被清空，文件指针指向开始位置，写入新内容。但是第一次执行时，文件没有关闭，数据内容保存在缓冲区内，还没写入文件。第二次执行时，增加了 file.close()，执行该语句后才完成写入，文件内容改为"黑发不知勤学早，白首方悔读书迟"。

例 7.13　在文件的末尾追加内容。例如，在文件 poem.txt 末尾留一空行后，添加作者简介。

程序代码如下：

```
import os
os.chdir('D:/Python_data')
file=open('poem.txt','a+')
file.write('\n\n 作者简介：李白是唐朝著名的诗人。')
```

```
file.close()
```

程序运行结果如图 7.12 所示。

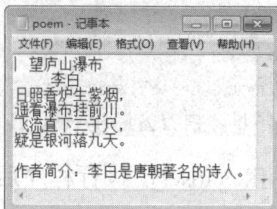

图 7.12　例 7.13 的程序运行结果

5. writelines()函数

writelines()函数的语法格式如下：

```
file.writelines([sequence])
```

功能：用于向文件中写入一个字符串序列，如一个字符串列表。如果各字符串之间需要换行，则要手动加入每行的换行符。

例 7.14　使用 writelines()函数写文件。

程序代码如下：

```
import os
os.chdir('D:/Python_data')
lst=['君子曰：学不可以已。','青，取之于蓝，而青于蓝；','冰，水为之，而寒于水。']
file=open('write_lines.txt',mode ='w',encoding ='utf-8')
file.writelines (lst)
file.close()
```

程序运行结果如图 7.13 所示。

图 7.13　例 7.14 的程序运行结果

将整个字符串写入文件。这里的字符串可以是几个字符串的连接或使用逗号分隔的多个字符串。

例 7.15　在文本文件中，使用 writelines()函数追加多行数据。

程序代码如下：

```
import os
os.chdir('D:/Python_data')
lst=['\n 李白（701 年—762 年），字太白，号青莲居士，又号"谪仙人"。',
    '\n 李白是唐代伟大的浪漫主义诗人，被后人誉为"诗仙"。',
```

```
      '\n 李白有《李太白集》传世，诗作中多以醉酒时写的。']
with open('poem.txt',mode='a+') as file:
    file.writelines(lst )
file.close()
```

程序运行结果如图 7.14 所示。

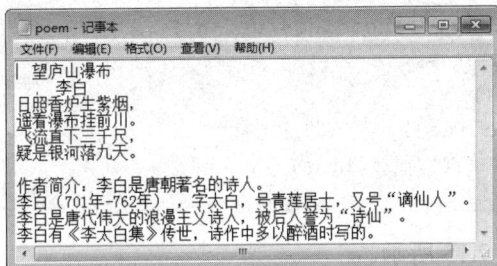

图 7.14　例 7.15 的程序运行结果

程序中列表各元素增加了换行符"\n"，实现了新增内容换行。如果把列表的各元素用"+"连接起来，也可以追加进去。

6. flush()函数

flush()函数的语法格式如下：

```
file.flush()
```

功能：将缓冲区中的数据写入文件，清空缓冲区。

如果使用 write()或 writelines()函数写文件之后，不想关闭文件，则可以使用 flush()函数将缓冲区中的内容写入文件。

例 7.16　使用 flush()函数刷新缓冲区。

程序代码如下：

```
import os
os.chdir('D:/Python_data')
lst=['君子曰：学不可以已。','青，取之于蓝，而青于蓝；', '——《荀子·劝学》；']
file=open('flush.txt',mode ='w',encoding='utf-8')
file.writelines (lst)
file.flush()
```

执行程序，查看文件内容，发现此时文件尚未关闭，缓冲区中的数据已经写入文件。

7. tell()函数

tell()函数的语法格式如下：

```
file.tell()
```

功能：返回文件指针的当前位置。

文件读写操作时，文件指针随着读取或写入的内容后移，可以通过 tell()函数返回当前指针的位置。

例 7.17 返回当前文件指针的位置。

```
import os
os.chdir('D:/Python_data')
file=open('poem2.txt',encoding='utf-8')
for i in range(4):
    pos=file.tell()
    line=file.readline()
    print('文件指针位置',pos,line)
file.close()
```

程序运行结果如图 7.15 所示。

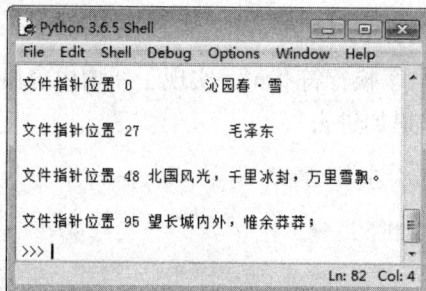

图 7.15 例 7.17 的程序运行结果

运行结果显示，使用默认模式打开文件后，文件指针指向文件的第 0 个字节，然后随着读取内容后移。那么，如果任务需求需要从文件中间的一个指定位置开始读取或写入数据，该怎么办呢？Python 提供了手动调整文件指针位置的函数——seek()函数，可以方便地实现这一功能。

8. seek()函数

seek()函数的语法格式如下：

```
file.seek(offset[, whence=0])
```

功能：用于移动文件指针到指定位置。

参数说明如下：

1）offset：偏移量，即偏移的字节数。正数，向后偏移；负数，向前偏移。

2）whence：起始偏移位置，0 代表从文件开头开始，1 代表从当前位置开始，2 代表从文件末尾开始。whence 是可选参数，默认值为 0。1 和 2 一般用于二进制文件，因为文本文件要发生字符转换，计算位置容易发生混乱。

返回值：操作成功，返回新的文件位置；操作失败，则返回-1。

例 7.18 移动文件指针示例。

程序代码如下：

```
import os
os.chdir('D:/Python_data')
file=open('poem2.txt','a+',encoding='utf-8')
print('文件指针当前位置 1:',file.tell())
ret=file.seek(48)
print('文件指针当前位置 2:',file.tell())
file.readline()
print(file.readline())
file.close()
```

程序运行结果如图 7.16 所示。

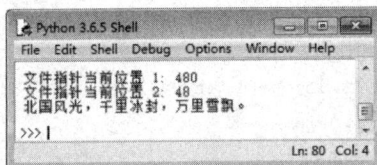

图 7.16　例 7.18 的程序运行结果

使用 "a+" 模式打开文件时，初始文件指针位置为 480，使用 seek()函数定位到 48，读取并输出了下一行的内容。

9．truncate()函数

truncate()函数的语法格式如下：

```
file.truncate([size])
```

功能：用于截断文件。如果指定了可选参数 size，则表示截断文件为 size 个字符。如果没有指定 size，则从当前位置起截断。截断之后，后面的所有字节被删除。

例 7.19　截断文件示例。

程序代码如下：

```
import os
os.chdir('D:/Python_data')
file=open('poem3.txt',mode='a+',encoding='utf-8')
print('文件指针当前位置 1:',file.tell())
file.truncate(128)
file.close()
```

程序运行结果如图 7.17 所示。

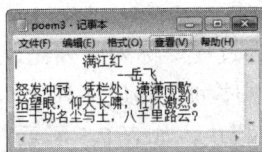

图 7.17　例 7.19 的程序运行结果

7.2.4　常用文件属性

成功打开文件后，调用文件对象本身的属性可以获取当前文件的部分信息，常用属性如下：

file.name：返回文件的名称。

file.mode：返回打开文件时，采用的文件打开模式。

file.encoding：返回打开文件时使用的编码格式。

file.closed：判断文件是否已经关闭。

例 7.20　文件属性示例。

程序代码如下：

```python
import os
os.chdir('D:/Python_data')
file=open('poem.txt',mode='a+',encoding='utf-8')
print('文件名称：',file.name)
print('文件模式：',file.mode)
print('文件编码：',file.encoding)
print('文件是否关闭：',file.closed)
print(file)
file.close()
```

程序运行结果如图 7.18 所示。

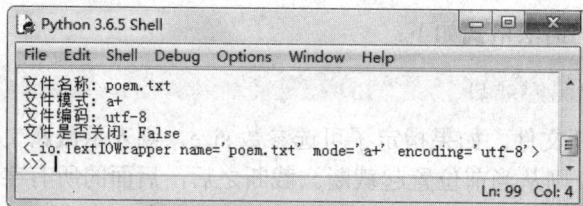

图 7.18　例 7.20 的程序运行结果

7.3　二进制文件的读取和写入

二进制文件经常是视频文件、音频文件、可执行文件，没有统一的编码格式，处理它们的软件各不相同。例如，bmp 文件需要使用画图软件打开编辑，而 MP4 文件则需要使用支持该视频格式的视频播放器打开。这些文件存储的都是一个个字节，也称为二进制流。

将对象数据转换为二进制流的过程，称为序列化，反之称为反序列化。Python 通过一些标准模块或第三方模块来实现序列化和反序列化，有 pickle、json、struct、marshal、shelve 等。我们使用常用的 struct 模块，如表 7.5 所示。

表 7.5 struct 模块常用函数

方法名	返回值	说明
pack(fmt, vl, v2···)	string	按照给定的格式(fmt)，把数据 v1、v2 等转换成字符串（字节串），并将该字符串返回
unpack(fmt, bytes)	Tuple	按照给定的格式(fmt)解析字节流(bytes)，并返回解析结果
cale size(fmt)	sizeof fmt	计算给定的格式(fmt)占用多少字节的内存，注意对齐方式

其中，fmt 参数为格式字符串，给出 v1、v2···的原有数据类型，不同类型占据的内存字节数不同，如表 7.6 所示。

表 7.6 fmt 参数表

格式符	C 语言数据类型	Python 语言数据类型	数据字节数
s	字符串	bytes	由 s 前的数字决定，如 4s 表示打包为 4 字节
i	整型	整型	4
h	短整型	整型	2
f	单精度浮点型	浮点型	4
d	双精度浮点型	浮点型	8
c	字符型	长度为 1 的 bytes	1
?	布尔型	布尔型	1

7.3.1 二进制文件的写入

如何生成字节流，并把字节流写入二进制文件呢？

例 7.21 在二进制文件 d_binary.bin 中添加数据。

分析：生成 data.bin 的文件是将内存中的变量 id='No02'、name='王晓杰'、score=86.0 写入二进制文件的过程。首先，定义好用 fmt 为'4s12sf'的模式存储数据；然后，将 id 和 name 转换为字节串；最后，使用 struct.pack()将 3 个变量打包成一组字节串，写入文件即可。

程序代码如下：

```
import struct
import os
os.chdir('D:/Python_data')
id=b'No02'                   #在字符串前加上 b，转换成字节串
name='王晓杰'.encode()      #调用字符串的 encode()方法，将字符串转换成字节串
score=86.0
print(id,name,score)
student=struct.pack('4s12sf',id,name,score)
#按格式'4s12sf'，将 id、name、score 打包成字节串
print(student)
with open('d_binary.bin','ab')as file:
    file.write(student) #把字节串 student 写入二进制文件
```

```
print('学生信息已经写入二进制文件！')
```

程序运行结果如图 7.19 所示。

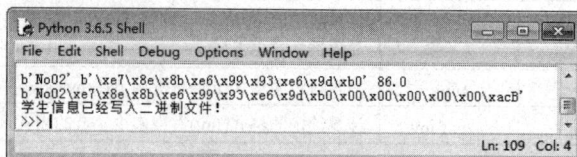

图 7.19　例 7.21 的程序运行结果

图 7.19 的第一行是 3 个变量，第二行是打包成一个整体的字节串。

7.3.2　二进制文件的读取

读取二进制文件时，文件必须先按二进制模式打开，将 mode 参数设置为 "rb"、"rb+"、"wb+" 或 "ab+" 模式，都可以进行二进制文件的读取。

对于例 7.21 创建的二进制文件 "D:/Python_data/d_binary.bin"，如果想读取其内容，则可以使用 struct 模块反序列获取各数据。

例 7.22　读取二进制文件。

程序代码如下：

```
import os
filepath='D:/Python_data/d_binary.bin'    #文件路径引入
file=open(filepath,'rb')                   #打开二进制文件
size=os.path.getsize(filepath)             #获得文件大小
print('\n 文件大小为: ',size)              #输出文件大小
data=file.read()                           #读取文件
print(data)
file.close()
```

程序运行结果如图 7.20 所示。

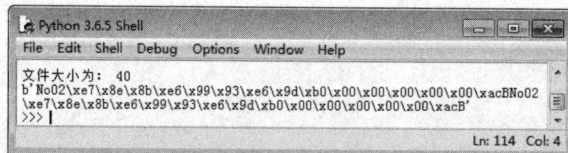

图 7.20　例 7.22 的程序运行结果

例 7.23　将读取的字节流反序列化。

程序代码如下：

```
import struct
import os
os.chdir('D:/Python_data')
with open("d_binary.bin","rb") as file:
```

```
size=struct.calcsize('4s12sf')
stu=file.read(size)    #读取 size 个字节
stu1=struct.unpack('4s12sf',stu)          #解析字节串,解析的结果是一个元组
print("从二进制文件读取的数据为: \n",stu)  #输出元组,id、name 为字节串
id,name,score=stu1    #对元组进行解包,赋给对应的变量 id、name、score
#使用 decode 方法对 id、name 进行解码,将字节串转换成字符串
print(id.decode(),name.decode(),score)
```

程序运行结果如图 7.21 所示。

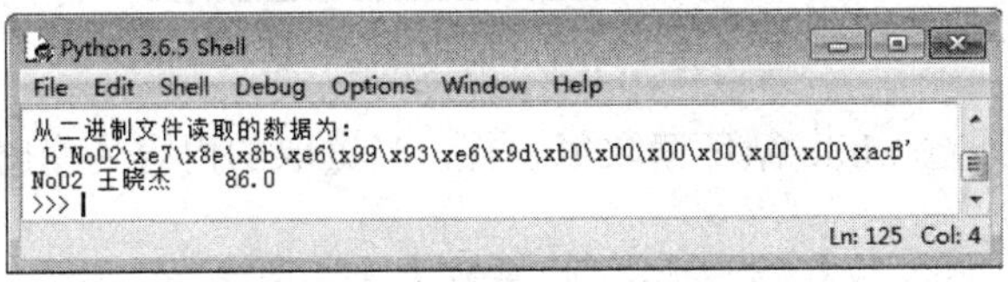

图 7.21　例 7.23 的程序运行结果

7.4　文本文件的读取和写入

在利用 Python 进行程序设计时,经常需要读取文本文件中的内容。

7.4.1　文本文件的读取

读取文本文件时,文件必须先按文本模式打开,"r"、"r+"、"w+"和"a+"模式,都可以进行文本文件的读取。分别使用 read()、readline()、readlines()函数实现读取。

例 7.24　逐行读取全部的文件内容。

程序代码如下:

```
filepath='D:/Python_data/songci.txt'
with open(filepath,encoding='utf-8') as file:
    num=0                          #记录行号
    while True:
        line=file.readline()      #读一行
        line=line[:-1]            #去掉换行符
        if line=='':
            break
        num=num + 1
        print(num,line)
print(f'\n 共计{num}行')
```

程序运行结果如图 7.22 所示。

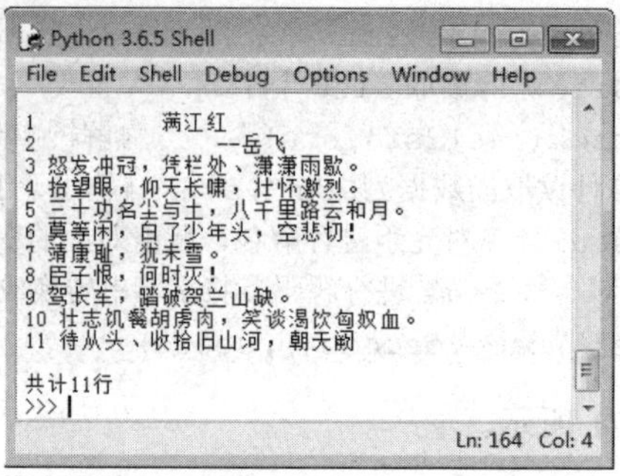

图 7.22　例 7.24 的程序运行结果

在例 7.24 中，通过 while 循环读取每一行，当读取的内容为空时，就读到了文件的末尾，循环结束。

例 7.25　使用 read()函数和 readlines()函数分别读取文件。

程序代码如下：

```python
filepath='D:/Python_data/songci.txt'
file=open(filepath,encoding='utf-8')
lst=file.read(60)              #read()读 60 个字符
print('\nread()读前 60 个字符：',lst)
line=file.readlines(40)        #readlines()读 40 个字符
print('readlines()接着读 40 个字符：',line)
file.close()
```

程序运行结果如图 7.23 所示。

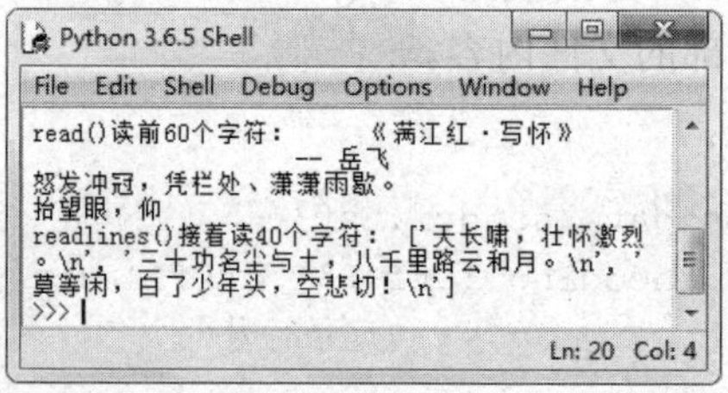

图 7.23　例 7.25 的程序运行结果

read()函数返回字符串，readlines()函数返回的是字符串列表，并显示出了回车符。如果文件比较大，readlines()函数一次性读取文件的全部内容，输出会比较慢，这时可以将读取的内容逐行输出。

例 7.26　使用 for 循环和 readlines()函数输出全文。

程序代码如下：

```python
filepath='D:/Python_data/songci.txt'
file=open(filepath,encoding='utf-8')
for line in file.readlines():  #读取每行
    line=line.strip()          #去掉每行头尾空白
```

```
    print(line)
file.close()
```

程序运行结果如图 7.24 所示。

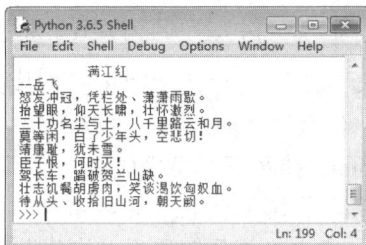

图 7.24　例 7.26 的程序运行结果

7.4.2　文本文件的写入

写入文件时，可以使用 write() 函数和 writelines() 函数，实现从当前文件指针位置顺序写入。

例 7.27　将 Craftsman.txt 文件内容复制到 Craftsman_C.txt，并将文中的"一行"一词替换为"什么"。

分析：文件操作时，经常用到文件内容复制的功能，其本质是从源文件中一行行读取，再一行行写入新的目标文件，利用 readline() 函数和 write() 函数可以轻松地实现。在文件复制的过程中，替换"一行"一词为"什么"，可以通过字符串的 replace() 函数实现。

程序代码如下：

```
import os
os.chdir('D:/Python_data')
file1=open('Craftsman.txt',mode='r+',encoding='utf-8')
file2=open('Craftsman_C.txt',mode='w+',encoding='utf-8')
count=0
while True:
    line=file1.readline()
    if not line:
        break
    n=line.count('一行')
    count=count + n
    line=line.replace('一行','什么')
    file2.write(line)
print(f"已替换词语 '一行' {count} 个，并写入文件完成")
file1.close()
file2.close()
```

程序运行结果如图 7.25 所示。

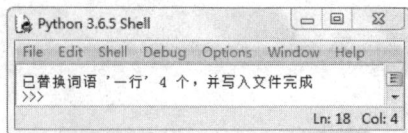

图 7.25　例 7.27 的程序运行结果

Craftsman_C.txt 文件本来不存在，因为使用"w+"的模式打开，所以建立了新文件。查看写入的内容已经替换成"什么"一词。

例 7.28　"D:/Python_data/"路径下有学生成绩文件"score.txt"，第 1 行为"学号,姓名,会计学,金融学,投资学,保险学,国际金融,计量经济学"，后面各行是具体数据，各项由","分隔。读出这些数据，求出"总分"和"平均分"并输出。

分析：读出文本文件时，起始位置有标识"\ufeff"，每行的末尾都有"\n"。另外，每一项都是字符串。

程序代码如下：

```python
import os
os.chdir('D:/Python_data')
file=open('score.txt',mode='r+',encoding='utf-8')
lst_z=[]                #设置空表，存储成绩
while True:
    line=file.readline()
    lst=list(line.split(','))
    if not line:       #循环结束条件
        break
    lst_z.append(lst)
file.close()
lst_z[0][0]=lst_z[0][0][-2:]    #去掉.txt 文件起始标记
for i in range(len(lst_z)):     #去掉每行末的回车符
    lst_z[i][len(lst_z[0])-1]=lst_z[i][len(lst_z[0])-1][:-1]
for i in range(1,len(lst_z)):   #将成绩字符串转换为实数，将总分添加到后面
    sum_i=0
    for j in range(2,len(lst_z[0])):
        lst_z[i][j]=float(lst_z[i][j])
        sum_i=sum_i+float(lst_z[i][j])
        avg_i=round(sum_i/6,2)
    lst_z[i].append(sum_i)
    lst_z[i].append(avg_i)
lst_z[0].append('总分')         #第 1 行最后加上"总分"标题
lst_z[0].append('平均分')        #第 1 行最后加上"平均分"标题
print()
for i in range(len(lst_z[0])):  #输出标题行
    print(lst_z[0][i],end=' ')
print()
for i in range(1,len(lst_z)):   #输出数据
```

```
for j in range(len(lst_z[0])):
    print(lst_z[i][j],end='   ')
print()
```

程序运行结果如图 7.26 所示。

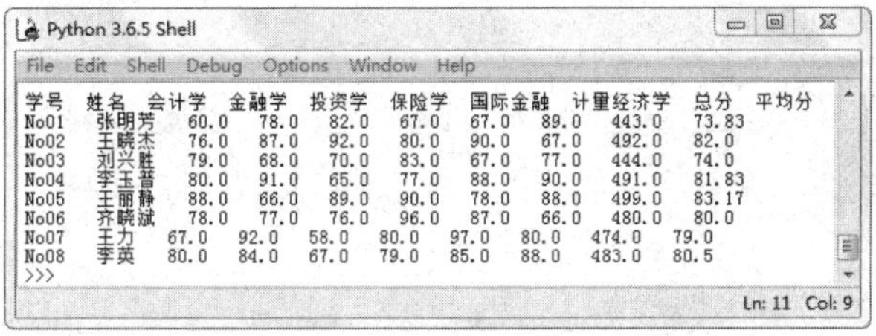

图 7.26　例 7.28 的程序运行结果

7.5　简单目录操作

除文件的读写操作外，还经常需要对文件本身进行操作，如获取文件所在路径、创建文件路径、判断文件是否存在、删除文件等，这些属于文件目录操作，需要导入 os 模块、os.path 或 shutil 模块。常用的文件目录操作函数如表 7.7 所示。

表 7.7　常用的文件目录操作函数

函数	说明
os.path.exist(path)	判断当前目录是否存在
os.path.isdir(path)	判断 path 是目录
os.path.isfile(path)	判断 path 是文件
os.getcwd()	获取当前目录
os.mkdir(path[, mode])	创建一个名为 path 的文件夹，只创建最末一级的文件夹
os.makedirs(path[, mode])	递归创建 path 路径上所有不存在的文件夹，path 需要包含子文件夹
os.rmdir(path)	删除指定空目录，path 指定目录中必须没有文件
os.removedirs(path)	递归删除目录，path 需要包含子文件夹
os.remove (file)	删除指定文件
os.rename(src, dst)	重命名文件或目录，从 src 到 dst，可以实现文件的移动，若目标文件已存在则抛出异常，不能跨越磁盘或分区
os.system(str)	执行操作系统命令，如复制文件、创建目录、清除屏幕
shutil.copyfile(src, dst)	复制文件

例 7.29　创建目录。在"D:/Python_data"路径下创建新文件夹"国家\中国"和"China"。程序代码如下：

```
import os
os.chdir('D:/Python_data')
path=os.getcwd()
```

```
print('\n 原有路径: ',path)
new_path=path+'\\大国重器'
print('当前路径: ',new_path)
if not os.path.exists(new_path):
    os.makedirs(new_path)
path1=new_path+'\\国家\\中国'
if not os.path.exists(path1):
    os.makedirs(path1)
print('已经创建: ',path1)
path2=new_path+'\\China'
if not os.path.exists(path2):
    os.mkdir(path2)
print('已经创建: ',path2)
```

程序运行结果如图 7.27 所示。相应目录已经生成。

图 7.27　例 7.29 的程序运行结果

例 7.30　删除文件目录。

程序代码如下：

```
import os
os.chdir('D:/Python_data')
path=os.getcwd()
new_path=path +'\\大国重器'
path1=new_path+'\\国家\\中国'
path2=new_path+'\\China'
if os.path.exists(path1):
    os.removedirs(path1)
if os.path.exists(path2):
    os.rmdir (path2)
```

例 7.31　重命名和移动文件。

程序代码如下：

```
import os
os.chdir('D:/Python_data')
path=os.getcwd()
new_path=path+'\\大国重器'
os.rename(new_path+'\\1.jpg', 'D:\\pic.jpg')
```

　　程序运行后，"D:\Python_data\大国重器"路径下的 1.jpg，已经被移动到 D 盘根目录下，并且重命名为 pic.jpg。rename()函数可以实现文件的重命名和移动。

　　例 7.32　将当前程序路径下"大国重器"文件中的图片文件重命名，在原文件名后增加"_fc"字符串。

　　分析：获取当前路径后，判断指定文件夹是否是有效文件或目录，如果是有效文件，则拆分文件名和扩展名，修改文件名。如果是目录，则继续循环判断目录下的文件，重复修改文件名的操作。

　　程序代码如下：

```
import os
import time
#str.split(string)分隔字符串
#'连接符'.join(list) 将列表组成字符串
def change_name(path):
    i=0
    if not os.path.isdir(path) and not os.path.isfile(path):
        return "不是目录或文件"
    if os.path.isfile(path):
        file_path=os.path.split(path)  #分隔出目录与文件
        lists=file_path[1].split('.')  #分隔出文件与文件扩展名
        file_ext=lists[-1] #取出扩展名（列表切片操作）
        img_ext=['bmp','jpeg','gif','psd','png','jpg']
        if file_ext in img_ext:
            os.rename(path,file_path[0]+'/'+lists[0]+'_fc.'+file_ext)
            i+=1
    elif os.path.isdir(path):
        for x in os.listdir(path):
            change_name(os.path.join(path,x))  #递归调用
            i+=1
    return i
img_dir=os.getcwd()
print("当前目录",img_dir)
img_dir=img_dir+"\\大国重器"
print("当前目录",img_dir)
start=time.time()
i=change_name(img_dir)
c=time.time()-start
print('程序运行耗时:%0.2f'%(c))
print('总共处理了 %s 张图片'%(i))
```

　　程序运行结果如图 7.28 所示。因为需要循环判断文件目录中的路径是文件还是目录，所以设计了 change_name()函数，并对其进行递归调用。

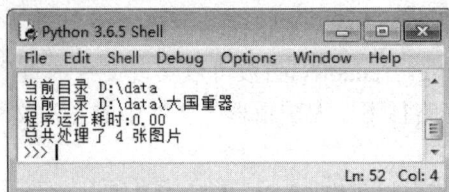

图 7.28 例 7.32 的程序运行结果

7.6 实 验

实验 7.1 将文本文件中的数值数据降序排序后写入。

假设文件 num.txt 中有若干整数，每行一个整数，编写程序读取所有整数，将其按降序排序后再写入文本文件 num_new.txt 中。

程序代码如下：

```python
import os
os.chdir('D:/Python_data')
with open('num.txt', 'r') as file:          #读取所有行，存入列表
    num=file.readlines()
num=[int(item) for item in num]             #列表推导式，转换为数字
num.sort(reverse=True)                      #降序排序
num=[str(item)+'\n' for item in num]        #将结果转换为字符串
# data.sort(key=int,reverse=True)           #直接这样更简洁
with open('num_new.txt', 'w') as fp:
    fp.writelines(num)                      #将结果写入文件
```

阅读程序语句，解释程序语句的功能，运行程序并分析程序的运行结果。

实验 7.2 统计文件中最长的行是哪一行，并输出内容。

已知文件 poem3.txt 的内容是《沁园春·雪》的诗文。统计最长的行有多长，输出内容。

程序代码如下：

```python
import os
os.chdir('D:/Python_data')
with open('poem2.txt',encoding="utf-8") as file:
    result=[0, '']
    for line in file:
        t=len(line)
        if t>result[0]:
            result=[t, line]
print(result)
```

阅读程序语句，解释程序语句的功能，运行程序并分析程序的运行结果。

实验 7.3　统计指定词汇的数量。

文件 D:/Python_data/工匠精神.txt（2018 年 11 月 14 日 08:36，人民网－人民日报：大力弘扬工匠精神，全国政协委员 杨安娣文章），试统计文件中的"工匠精神"一词出现了多少次。

分析：文件内容较长，采取 readline()函数逐行读取文件的方法，依次分析每行文字中包含"工匠精神"一词的数量，累加可得整个文件中该词的数量。

程序代码如下：

```
import re
import os
os.chdir('D:/Python_data')
with open('工匠精神.txt',mode='r+',encoding='utf-8') as fo:
    count=0
    while True:
        line=fo.readline()
        if not line:
            break
        ls=re.findall('工匠精神',line)        #查找指定词语
        count=count+len(ls)
    print(f"已查找到词语 '工匠精神' {count} 个")
fo.close()
```

阅读程序语句，解释程序语句的功能，运行程序并分析程序的运行结果。

思考：代码用到了 re 正则表达式的 findall()方法，它的作用是什么？

实验 7.4　修改文件中指定商品的价格。

文件 product.txt 为一个商品清单，第一行为"编号 品名 价格 销量"，第二行开始为对应数据。现洗衣液和护肤霜各涨价 10 元，请修改销售清单中的单价。原文件内容如图 7.29 所示。

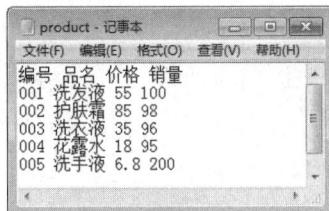

图 7.29　product.txt 文件内容

程序代码如下：

```
import os
os.chdir('D:/Python_data')
lstpos=[]
lststr=[]
```

```python
with open('product.txt',mode='r+',encoding='utf-8') as fo:
    #获取各行的位置信息
    for i in range(100):
        line=fo.readline()
        if not line:
            break
        lstpos.append(fo.tell())
        lststr.append(line)
    print(lstpos)
    print(lststr)
    #修改各行数据
    #print(len(lstpos))
    for i in range(1,3):
        fo.seek(lstpos[i])
        print(f"第{i+1}行修改位置：",fo.tell())
        modstr=lststr[i+1].split(" ")
        print(modstr)
        modstr[2]=str(int(modstr[2])+10)
        fixstr=' '.join(modstr)
        print(f"第{i+1}行修改内容：",fixstr)
        fo.write(fixstr)
        #print(f"第{i+1}行修改完毕：")
    fo.close()
```

阅读程序语句，解释程序语句的功能，运行程序并分析程序的运行结果。

思考：readline()、seek()、tell()函数在该实验中完成了什么任务？

实验 7.5 统计指定文件夹的大小，以及文件和子文件夹的数量。

该实验的所有文件都存放在"D:/Python_data"路径下，统计该目录下文件的大小及文件和文件夹的数量。调用了 3 个函数来实现。

程序代码如下：

```python
import os
def visitDir(path):
    global totalSize
    global fileNum
    global dirNum
    for lists in os.listdir(path):
        sub_path=os.path.join(path, lists)
        if os.path.isfile(sub_path):
            fileNum=fileNum+1       #统计文件的数量
            totalSize=totalSize+os.path.getsize(sub_path)#统计文件的大小
        elif os.path.isdir(sub_path):
            dirNum=dirNum+1         #统计文件夹的数量
            visitDir(sub_path)      #递归遍历子文件夹
```

```
def sizeConvert(size):            #单位换算
    K, M, G=1024, 1024**2, 1024**3
    filesize=0
    if size>=G:
        filesize=str(size/G)+'G Bytes'
    elif size>=M:
        filesize=str(size/M)+'M Bytes'
    elif size>=K:
        filesize=str(size/K)+'K Bytes'
    else:
        filesize=str(size)+'Bytes'
    return filesize
def output(path):
    size=sizeConvert(totalSize)
    print(f'{path}下文件合计大小为：{size}')
    print(f'文件的数量：{fileNum}')
    print(f'文件夹的数量：{dirNum}')
totalSize=0
fileNum=0
dirNum=0
path=r'D:/Python_data'
if not os.path.isdir(path):
    print('文件夹错误或不存在。')
else:
    visitDir(path)
output(path)
```

阅读程序语句，解释程序语句的功能，运行程序并分析程序的运行结果。

习 题

一、选择题

1. 以读模式打开文件并允许更新，mode 参数值应设为（   ）。

    A．'r'   B．'r+w'   C．'r+'   D．'w'

2. 以追加写模式打开文件，mode 参数值应设为（   ）。

    A．'r'   B．'w'   C．'a'   D．'t'

3. 静夜思.txt 的编码格式为 "utf-8"，现在需要读取文件内容，打开这个文件并创建文件对象 file 的正确语句为（   ）。

    A．with open('静夜思.txt','r',encoding='utf-8') as file:

    B．with open('静夜思.txt','r',encoding='GBK') as file:

    C．file = open('静夜思.txt','r',encoding='utf-8') as file:

D. file = open('静夜思.txt','w',encoding='GBK') as file:

4. 关闭文件对象 file 的语句为（　　　）。

    A. file.close   B. file.close()   C. file.down()   D. file.open()

5. 遍历文件对象时，可用（　　　）方法去除行末的换行符。

    A. s.split()   B. s.strip()   C. s.join()   D. s.find()

6. 不可以使用（　　　）方法读文件。

    A. file.read()   B. file.readline()   C. file.readlines()   D. file.reads()

二、填空题

1. 读二进制文件时，mode 参数可设置为_____、_____或_____。

2. 以 "w+" 模式打开的文件是_____文件，打开后会_____。

3. 读写文本文件，打开文件时，使用_____参数设置编码格式。

4. 文件属性_____用于判断文件是否已经关闭。

5. 写文件的函数有_____和_____。

三、阅读程序题

1. 执行下列 Python 语句，将产生的结果是_____。

```
user=input('请输入用户名：')
pwd=input('请输入密码：')
data='{}-{}'.format(user, pwd)
file_object=open('files/info.txt', mode='wt', encoding='utf-8')
file_object.write(data)
file_object.close()
```

2. 下列程序的输出结果是_____。

```
file_object=open('a1.png', mode='rb')
data=file_object.read()
file_object.close()
print(data)
```

四、程序填空题

下列程序的功能是将文件 users.txt 的全部内容读出来，共 5 行。下列代码是不同的两种读取方法。

第一种：

```
fo=open('users.txt')
lst=fo._____
print(lst )
```

第二种：

```
_____ open('users.txt') as fo:
    for line in fo:
```

```
print(                )
```

五、编程题

1．以追加的方式打开一个文件，命名为 hello.txt，写入 3 行"你好，世界"，每行前面注明 1、2、3 的序号。重复一遍上述操作，查阅写入的内容。

2．打开 hello.txt 文件，读取第二行，改为"4 你好，中国"，重新写入原位置。

3．将介绍自己的简要信息"hello，我是××。我是××专业大××学生。"写入文件 hello.txt 后面。

4．将文件 hello.txt 移到 D 盘根目录下。

第 8 章　Python 面向对象程序设计

Python 从设计之初就是一门面向对象的语言。面向对象（object-oriented）是一种软件开发方法，一种编程范式，是在面向过程的程序设计的基础上发展起来的。它比面向过程编程具有更强的灵活性和扩展性，是软件开发人员必须掌握的编程技术。本章主要介绍面向对象、类的定义和使用、封装、继承、多态等基本概念及应用。

8.1　面向对象概述

面向对象是一种编程思想，从 20 世纪 60 年代诞生以来，已经发展为目前软件开发领域最主流的技术。

具体来说，面向对象是一种对现实世界理解和抽象的方法。早期的计算机编程是基于面向过程的方法，如实现算术运算 "1+1+2=4"，通过设计一个算法就可以解决当时的问题。随着计算机技术的不断提高，计算机被用于解决越来越复杂的问题。一切事物皆对象，通过面向对象的方式，将现实世界的事物抽象成对象，将现实世界中的关系抽象成类、继承，这样可把相关的数据和方法组织为一个整体来看待，更贴近事物的自然运行模式，也更方便人们对现实世界的抽象、数字建模和编程实现。简言之，面向对象技术是一种从组织结构上模拟客观世界的方法。

8.1.1　基本概念

1. 类

具有相同的属性和行为的对象的集合被称为类（class）。类是封装对象的属性和行为的载体，为属于该类的全部对象提供了统一的抽象描述。例如，可以定义一个鸟类，拥有羽毛、眼睛、尖嘴、爪子和翅膀，会走会飞；所有鸟都符合鸟类的这些特征。

通常将识别一类对象的特征划分为动态和静态两部分。静态部分称为"属性"，如人的性别有男女、鸟的颜色有黑白；属性用类中定义的变量（数据）表示。动态部分指对象的行为，即可执行的动作，称为"方法"，如人会笑、鸟会飞；方法用类中定义的函数（代码）实现。

2. 对象

现实世界中客观存在的事物称为对象。任何对象都是类的实例，如某一只棕色的小麻雀，是鸟类的一个实例。创建类的一个实例（对象）称为实例化。当创建了鸟类的实例——"一只棕色的小麻雀"后，这只棕色的小麻雀就拥有了鸟类所定义的所有属性和方法等特征。

图 8.1 展示了类和对象、属性和方法的关系。

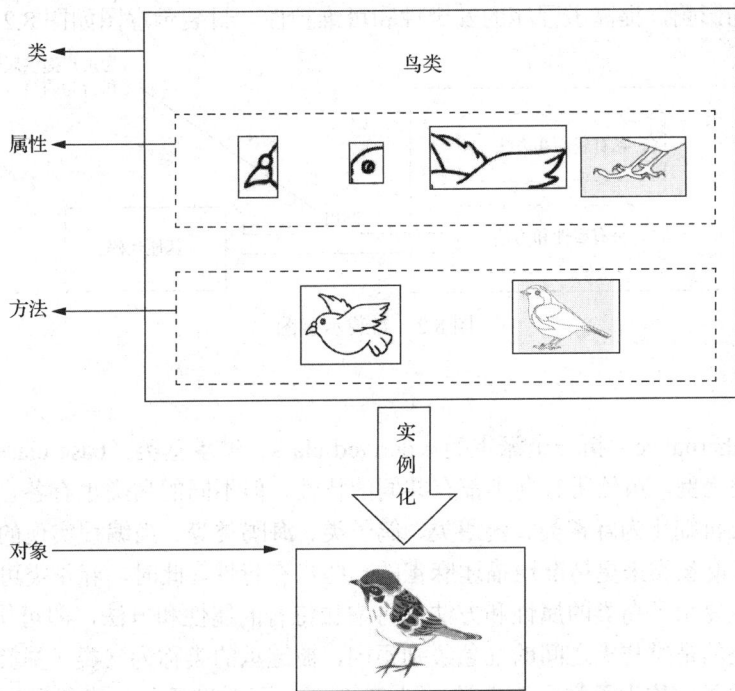

图 8.1　类和对象、属性和方法的关系

注：一只正落在树头的棕色麻雀，是鸟类的一个实例。

图中显示，"鸟"类拥有属性和方法两大类特征，嘴、眼睛、爪子、翅膀是属性，"走"和"飞"是方法，它们一起形成"鸟"对象的整体。编程实现时，定义一个"鸟"类，将它实例化为一个麻雀的对象，麻雀就拥有上述 6 个属性或方法。自然界有很多麻雀，就同样创建多个麻雀对象，每个对象就都拥有相同的属性和方法，如此更容易用程序设计去实现对自然界的鸟类模拟。

8.1.2　面向对象设计的特点

面向对象程序设计具有三大基本特征，即封装、继承、多态，下面分别介绍。

1. 封装

封装（encapsulation）是指把对象的属性和行为结合起来构成一个整体，它的内部信息是对外界隐蔽的，不允许外界直接存取或调用对象的属性或方法，只能通过类提供的外部接口对对象实施各项操作。对客户隐藏其实现细节，这就是封装的思想。这类似于用户使用计算机，只需要用手敲击键盘或移动鼠标就可以实现一些功能，而无须知道计算机内部是如何工作的。

封装是面向对象编程的核心思想。封装保证了类内部数据结构的完整性，使用该类的用户不能直接看到类中的数据结构，只能执行类允许公开的数据，如此就避免了外部对内部数据的影响，提高了程序的安全性和可维护性。封装示意图如图 8.2 所示。

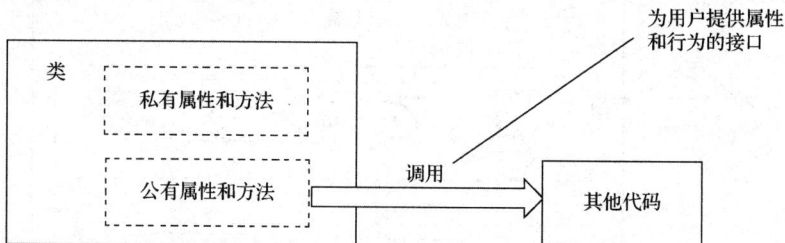

图 8.2　封装示意图

2. 继承

继承（inheritance）指一个派生类（derived class）继承基类（base class）的字段和方法。以鸟类为例，虽然所有鸟类都有共同的特性，但不同的鸟类也有各自的特性，我们可以把鸟类再细化为麻雀类、鹦鹉类、鸽子类、海鸥类等。当编程实现的对象是麻雀时，可以定义麻雀类来更精准地描述麻雀的一些自有特性。此时，麻雀类可以继承自鸟类，麻雀类就复用了鸟类的属性和方法，再增加特有的属性和方法，即可构成麻雀类。

继承反映的是类与类之间的抽象级别不同，被继承的类称为父类（基类），如鸟类；继承自父类的类，称为子类（派生类），如麻雀类，子类继承了父类的所有特性。一个派生类的对象也被允许作为一个基类对象使用。

继承示意图如图 8.3 所示，麻雀类、鹦鹉类、鸽子类、海鸥类都继承自父类鸟类，则它们都自动拥有了鸟类的属性和方法。如果实例化一个麻雀类的对象，则它也可以被当作一个鸟类的实例对象对待。

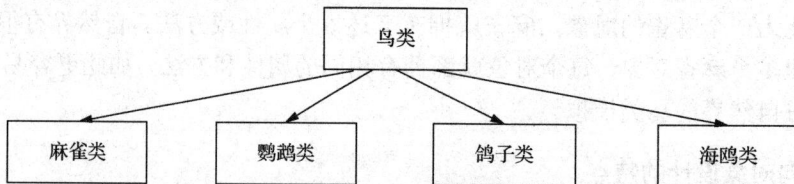

图 8.3　继承示意图

3. 多态

多态（polymorphism）是指同一名称的方法产生了多个不同的动作行为。

如果从父类继承的方法不能满足子类的需求，则可以对其进行改写，这个过程称为方法的覆盖（override），也称为方法的重写。

多态就是通过子类重写父类的方法来实现的。方法重写后，因为允许将子类类型的对象定义成父类类型，所以能够利用同一类型（父类）来引用不同子类的对象，执行"父类对象.方法()"代码时，会根据所引用对象的不同，执行不同子类对象的方法代码。

例如，父类鸟类的飞行方法，在麻雀类等 4 个子类中重写了，那么，实例化鸟类的对象为一个麻雀类对象，调用父类鸟类的飞行方法，会根据子类的类型，实际执行子类麻雀的飞行方法。同样，实例化鸟类的对象为一个海鸥，同样的调用，会变成执行海鸥的飞行方法。麻雀的飞行方法和海鸥的飞行方法不同，这样就实现了多态，同一个方法，产生了多种不同的行为动作。

多态是面向对象技术中较难理解的一个概念，因为多态增强了面向对象程序对客观世界的模拟性，所以面向对象程序具有更好的可读性，更易于理解，而且显著提高了软件的可复用性和可扩展性。

8.2 类的定义和使用

类是面向对象编程的基础，要模拟自然界的事物，将其抽象为类，再创建类的实例（对象）。通过类的实例可以访问类中的属性和方法。

8.2.1 定义类

在 Python 语言中，类的定义使用关键字 class 来实现，语法格式如下：

```
class ClassName:
    <statement_1>
        …
    <statement_n>
```

参数说明如下：

1）ClassName：类名，应符合 Python 标识符的命名规则，满足望文知义的原则。一般使用"驼峰式命名法"——如果由多个单词构成，各单词首字母大写，以便于阅读。

2）statement_1…statement_n：类体。由类变量（类成员）、方法和属性等定义语句组成。

例 8.1 定义鸟类。

```
class Bird: #鸟类
    mouth='尖尖的嘴巴'      #定义属性
    foot='2 只爪子'        #定义属性
    wing ='一对翅膀'        #定义属性
```

如果定义类时，没有想好类的具体功能，则类体可以使用空语句（pass 语句）替代。

```
class ClassName:
    pass
```

此时 ClassName 类是一个空类，只起到占位作用。

8.2.2 创建对象

定义完类后，使用类时需要创建类的一个实例——对象。类和对象的关系，类似前面章节学习的数据类型和变量，类相当于数据类型，对象相当于变量。定义类相当于定义了一个类类型；创建对象，相当于声明了一个该类类型的变量。

事实上，在 Python 中一切皆对象，int、float、bool、string、list、dict 等数据类型都是 class。

创建类的实例的语法格式如下：

```
ClassName(parameterlist)
```

其中，ClassName 是定义的类名；parameterlist 是可选参数，当创建一个类，没有定义__init__()方法，或者__init__()方法只有默认的 self 参数时，可以省略。

例 8.2 创建 Bird 类的对象。

程序代码如下：

```
class Bird: #鸟类
    mouth='尖尖的嘴巴'      #定义属性
    foot='2只爪子'          #定义属性
    wing='一对翅膀'         #定义属性
bird=Bird()                 #创建 Bird 类的实例 bird 对象
print(bird)
```

程序运行结果如图 8.4 所示。

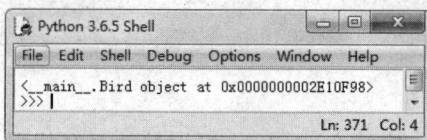

图 8.4　例 8.2 的程序运行结果

图 8.4 说明创建了类 Bird 的一个对象 bird，存储地址为 0x0000000002E10F98。

创建对象后，可以使用"."运算符通过实例对象来访问这个类的属性和方法，其语法格式如下：

```
对象名.属性名
对象名.方法名([参数列表])
```

8.2.3 定义方法

方法是类内定义的函数，用来实现类的行为。方法分为构造方法、析构方法、实例方法和类方法。其中，常用的是构造方法和实例方法。

1. 构造方法

类一般有一个__init__()方法。该方法是一个特殊的方法——构造方法。每当创建一个类的新实例时，都会自动执行__init__()方法，用于实现初始化相关数据。

构造方法必须包含一个 self 参数，并且是第一个参数。self 是指向实例本身的引用，用于访问类中的属性和方法。在方法调用时，会自动传递实际参数 self。只有一个 self 参数时，可以省略 self 参数。

---- ◆ 注意 ◆ --

构造方法__init__()的名称不能被修改，而且开头和结尾处的两个下划线（无空格）是 Python 的一种约定，表明该方法是 Python 的默认方法。用户自定义的方法，名称前后不能加 "__"。

下面为 Bird 类添加__init__()方法。

例 8.3 为 Bird 类添加__init__()方法。

程序代码如下：

```
class Bird:
    def __init__(self):
        print('我是一只鸟。')
bird=Bird()
print(bird)
```

程序运行结果如图 8.5 所示。执行 "bird = Bird()" 语句创建 bird 对象时，系统自动执行 Bird 类的__init__()方法，故输出了 "我是一只鸟。" 这句话。

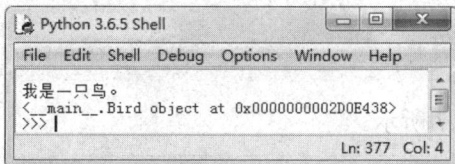

图 8.5　例 8.3 的程序运行结果

可以为__init__()方法增加其他参数，排在 self 参数的后面。

例 8.4 Bird 类的多个参数的__init__()方法示例。

程序代码如下：

```
class Bird():    #创建类
    def __init__(self,m,f,w):    #定义方法
        self.mouth=m        #定义属性
        self.foot=f          #定义属性
        self.wing=w          #定义属性
bird=Bird('\n 尖尖的嘴巴','\n2 只爪子','\n 一对翅膀')
```

```
print('\n 我是一只小鸟: ',bird.mouth,bird.foot,bird.wing)
```

程序运行结果如图 8.6 所示。

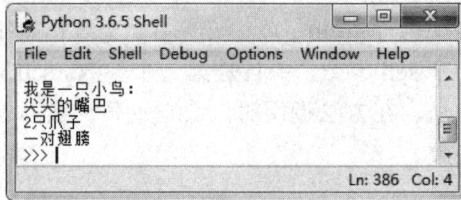

图 8.6　例 8.4 的程序运行结果

2. 析构方法

当需要删除一个对象来释放类所占用的资源时，Python 解释器会调用析构方法。

1）析构方法的固定名称为__del__()，参数只有 self。

2）程序结束时会自动调用该方法。

3）也可以使用 del 语句手动调用该方法删除对象。

例 8.5　析构方法示例。

比较下面两个程序，分析输出结果。

程序代码 1 如下：

```
class Bird():
    def __init__(self): #构造方法
        print('---构造方法被调用---')
    def __del__(self): #析构方法
        print('---析构方法被调用---')
bird=Bird()              #创建对象
del bird
print('---程序结束---')
```

程序运行结果如图 8.7 所示。

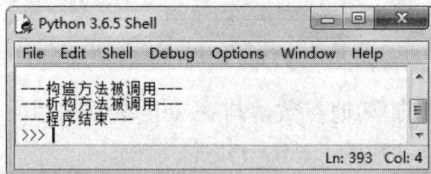

图 8.7　例 8.5 程序代码 1 的运行结果

程序代码 2 如下：

```
class Bird():
    def __init__(self): #构造方法
        print('---构造方法被调用---')
    def __del__(self): #析构方法
```

```
        print('---析构方法被调用---')
bird=Bird()                #创建对象
print('---程序结束---')
del bird
```

程序运行结果如图 8.8 所示。

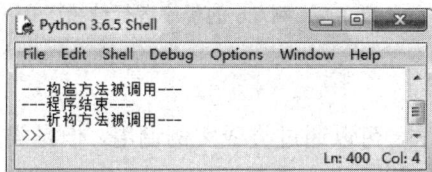

图 8.8 例 8.5 程序代码 2 的运行结果

通过对比两段程序结果，我们发现第一个程序调用 del，析构方法先执行，程序结束在后面。第二个程序是程序执行完毕，最后才调用析构方法。

3. 实例方法

除构造方法和析构方法外，最常用的方法是实例方法。用户可以任意自定义实例方法，如鸟会飞，可以定义 fly()方法。实例方法是属于实例的方法，该方法可以访问类属性、实例属性、类方法、实例方法。

定义方法与定义一般函数不同，方法必须包含对象本身的参数，即 self，并且必须为第一个参数。声明实例方法的语法格式如下：

```
def  methodName(self,[参数列表]):
    <statement>
```

实例方法需要显式调用，调用格式如下：

```
对象名.methodName([参数列表])
```

其中，第一个参数 self 不需要用户为其赋值，Python 自动把对象实例传递给参数 self。

例 8.6 定义并调用 Bird 类的实例方法 fly()。

程序代码如下：

```
class Bird:
    def __init__(self):
        print('我是一只鸟。')
    def fly(self,string):
        print('我会飞，',string)
#主程序
bird=Bird()
bird.fly('并且飞得很开心^-^')
```

程序运行结果如图 8.9 所示。"bird.fly('并且飞得很开心^-^')"语句显式调用了 fly()方法并传入 string 参数，故输出了"我会飞，并且飞得很开心^-^"。

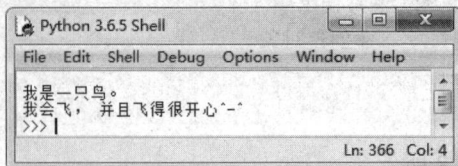

图 8.9   例 8.6 的程序运行结果

4. 类方法

类方法是属于类的方法，可以通过类或实例调用，但是类方法不能访问实例属性和实例方法。类方法经常被应用于修改类属性。

类方法的定义方法和实例方法相同，但要在定义前增加修饰器 "@classmethod" 标识其为类方法。对于类方法，第一个参数不是 self，而必须是类，一般用 "cls" 作为第一个参数。

声明类方法的语法格式如下：

```
@classmethod
def  methodName(cls,[参数列表]):
    <statement>
```

类方法也需要显式调用，调用格式如下：

```
ClassName.methodName([参数列表])
```

其中，ClassName 为类名，也可以是对象名，一般常用类名。类方法可以通过类或对象访问。cls 不需要用户为其赋值。

例 8.7   定义并调用 Bird 类的类方法 walk()。

程序代码如下：

```
class Bird:
    def __init__(self):
        print('我是一只鸟:')
    def fly(self,string):
        print('我会飞,',string)
    @classmethod
    def walk(cls,string):
        print('我会走会跑,',string)
bird=Bird()
str_1='很开心^-^'
bird.fly(str_1)
bird.walk(str_1)
```

程序运行结果如图 8.10 所示。

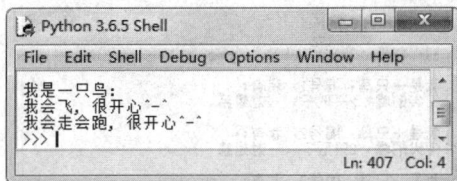

图 8.10　例 8.7 运行结果

语句 bird.walk(str_1)属于对象调用类的方法，该语句也可以直接调用类的方法 Bird.walk(str_1)。

8.2.4　添加属性

属性是类中定义的变量。根据定义位置，可以分为类属性和实例属性。

1. 类属性

类属性（class attribute）为所有类对象的实例对象所公有。类属性通常在定义的同时初始化，在类外可以通过类对象和实例对象访问。

（1）在类中定义属性

在类中定义属性的语法格式如下：

类名.属性名=初始值

属性定义在类中方法的外面的任意位置，可定义任意多个。

例 8.8　定义 Bird 的类属性。

利用 for 循环创建 3 个 Bird 的实例，保存在 list 中，依次输出各对象的类属性。

程序代码如下：

```python
class Bird:
    mouth='尖尖的嘴'
    foot='2 只爪子'
    wing='一对翅膀'
    number=0
    def __init__(self):
        Bird.number=Bird.number+1
        print(f'\n 我是一只鸟，编号{Bird.number}, '+'我有: ')
        print(Bird.mouth+', '+Bird.foot+', '+Bird.wing)
lst=[]
for i in range(3):
    bird=Bird()
    lst.append(bird)
print(f'\n 共计{Bird.number}只小鸟。')
```

程序运行结果如图 8.11 所示。

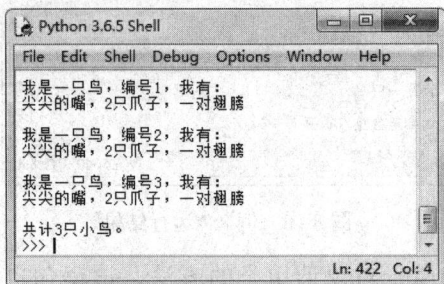

图 8.11 例 8.8 的程序运行结果

注意

在__init__()方法中，访问类的类属性时，也需要使用"类名.属性名"或"self.属性名"的形式访问，不能忘记加"类名."或"self."的前缀，否则会报错，提示属性名没有定义。

（2）动态添加属性

在 Python 中，还可以动态地为类和对象添加属性。实现方法：类名.属性名=初始值。

例如，在例 8.7 的基础上，可以为 Bird 类及其对象动态增加 color 属性，程序增加代码如下：

```
Bird.color='未定义，可以是各种颜色'
print(f'第二只小鸟颜色属性{lst[1].color}')
```

程序运行结果如图 8.12 所示。增加了最后一行输出内容，正确输出了第 2 个 Bird 的对象的 color 属性内容。

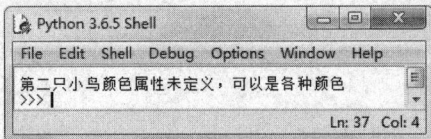

图 8.12 例 8.8 修改后增加的输出内容

（3）修改属性

除了动态增加类属性外，已定义的类属性也可以通过直接赋值的形式修改类属性的值，其语法格式如下：

```
类名.属性名=要修改的值
```

例如，Bird.mouth= '尖嘴'。

2. 实例属性

实例属性（instance attribute）不需要在类中显式地定义，而是在__init__()构造函数中定义，定义时必须以"self."为前缀。实例属性属于特定的实例对象，其他对象不能访问。

实例属性在类内部通过"self.属性名"访问，在类外部通过实例对象访问。

例 8.9　定义 Bird 的实例属性。

仍然利用 for 循环创建 3 个 Bird 的实例，保存在 list 中，依次输出各对象的实例属性。使用实例属性代替类属性。

程序代码如下：

```
class Bird:
    number=0
    def __init__(self):
        Bird.number=Bird.number+1
        self.number=1
        self.mouth='尖尖的嘴'
        self.foot='2 只爪子'
        self.wing='一对翅膀'
        self.color='未定义,可以是各种颜色'
        print(f'\n 我是一只鸟,编号{Bird.number},self.number;{self.number},
'+'我有: ')
        print(self.mouth+', '+self.foot+', '+self.wing)
lst=[]
for i in range(3):
    bird=Bird()
    lst.append(bird)
print(f'\n 共计{Bird.number}只小鸟')
print(f'\n 第二只小鸟有{lst[1].foot}')
print(f'第二只小鸟的颜色属性{lst[1].color}')
lst[1].color='灰色'
print(f'第二只小鸟的颜色属性是{lst[1].color}')
```

程序运行结果如图 8.13 所示。

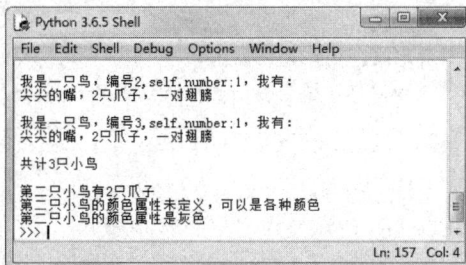

图 8.13　例 8.9 的程序运行结果

self.number 和 Bird.number 的区别是 Bird.number 对 3 个对象都生效，self.number 只对本对象生效。

8.3 封 装

封装是面向对象程序设计的第一大特性。封装其实分为两个层面：第一层面是指创建类和对象，相应分别创建两者的命名空间，只能用"类名."和"对象名."的方式访问对应的属性和方法，使它们的属性和方法被封装为一个整体；第二层面是指把大部分不需要对外公开的属性和方法设计为私有，只保留少部分属性和方法作为对外接口。如何满足封装需求呢？答案是增加公有和私有属性（方法）的定义。

8.2 节定义的属性和方法均可以在类外，通过类或对象进行访问。这实际上是因为默认定义的一般属性和方法是公有的。在 Python 中，以命名方式来区分属性和方法是公有还是私有的。如果定义的属性或方法名前面加了两个下划线"__"（中间无空格），则表明命名的属性或方法是私有的，否则是公有的。公有的属性或方法允许在类外通过类或对象名访问，私有的不允许。

下面分别介绍控制属性的访问权限和控制方法的访问权限。

8.3.1 控制属性的访问权限

私有属性：属性名前加"__"；实例变量和类变量均适用。

公有属性：属性名前不加"__"；实例变量和类变量均适用。

公有属性允许在类外通过类名或对象名访问，而私有属性在类外不能访问。

例 8.10 控制 Bird 类的部分属性为私有属性，如__number、__mouth、__foot。

程序代码如下：

```
class Bird:
    __number=0
    def __init__(self):
        Bird.__number=Bird.__number+1
        self.__mouth='尖尖的嘴'
        self.__foot='2 只爪子'
        self.wing='一对翅膀'
        self.color='未定义，可以是各种颜色'
        print(f'\n 我是一只鸟。编号 Bird.__number:{Bird.__number}')
        print('我有：'+self.__mouth+','+self.__foot+','+self.wing)
bird=Bird()
print(f'\n 小鸟有{bird.wing}')         #调用公有属性，不报错
print(f'小鸟有{bird.color}')
print(f'共计{Bird.__number}只小鸟')    #调用私有属性，报错
print(f'小鸟有{bird.__foot}')
print(f'小鸟有{bird.__mouth}')
```

程序运行结果如图 8.14 所示。

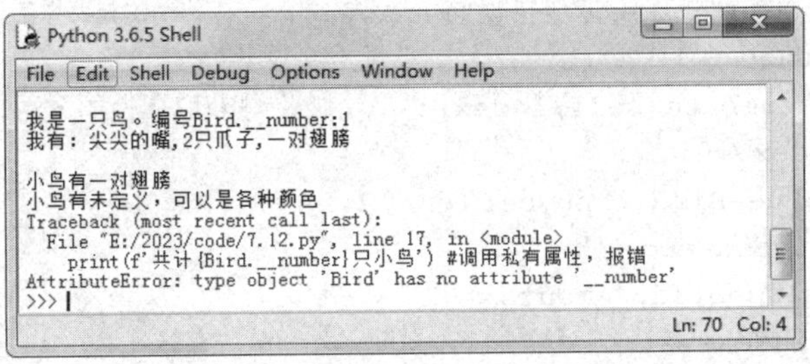

图 8.14　例 8.10 的程序运行结果

因为程序中的语句"print(f'共计 {Bird.__number}只小鸟')"及后面两个语句都调用了私有属性，所以会报错，提示错误"type object 'Bird' has no attribute '__number'"（属性错误：'Bird'类没有属性'__number'）。删除这 3 条语句，则异常消失。

8.3.2　控制方法的访问权限

私有方法：方法名前加"__"；实例方法和类方法均适用。

公有方法：方法名前不加"__"；实例方法和类方法均适用。

公有方法允许在类外通过类名或对象名访问，而私有方法在类外不能访问。

对于私有类属性，可以通过调用公有类方法实现类属性的修改或读取，避免直接访问类属性，保证了修改或读取入口的统一，提高了程序的安全性。

例 8.11　通过类方法，修改或读取类属性。

程序代码如下：

```python
class Bird:
    __number=0              #私有类属性
    __mouth='尖尖的嘴'       #私有类属性
    __foot='2 只爪子'        #私有类属性
    def __init__(self):
        Bird.__number=Bird.__number+1
        self.wing='一对翅膀'
        self.color='未定义，可以是各种颜色。'
        print(f'\n 我是一只鸟，编号 Bird.__number:{Bird.__number}。')
        print('我有：'+self.__mouth+'，'+self.__foot+'，'+self.wing+'。')
    @classmethod
    def setAttribute(self,index,value):        #设置属性的方法
        if index==0:
            Bird.__number=value
        elif index==1:
            Bird.__mouth=value
        elif index==2:
            Bird.__foot=value
        else:
```

```
                print("index 取值错误")
        @classmethod
        def getAttribute(self,index):          #获取属性的方法
            if index==0:
                value=Bird.__number
            elif index==1:
                value=Bird.__mouth
            elif index==2:
                value=Bird.__foot
            else:
                print("index 取值错误")
                value=null
            return value
bird=Bird()
print()
print(f'小鸟有{Bird.getAttribute(0)}个。')
Bird.setAttribute(0,6)
print(f'小鸟有{Bird.getAttribute(0)}个。')
print(f'小鸟羽毛{bird.color}')
```

程序运行结果如图 8.15 所示。

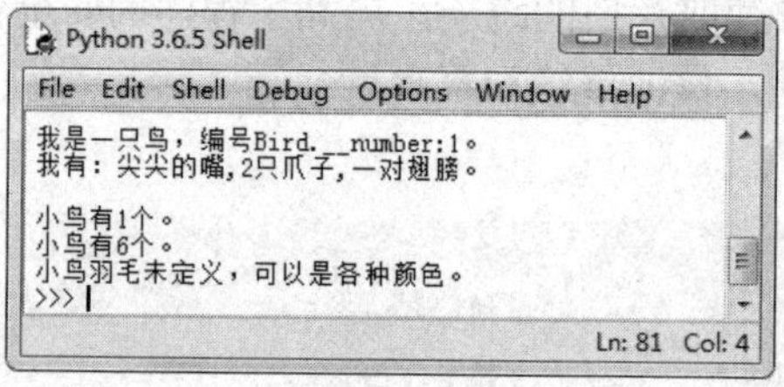

图 8.15　例 8.11 的程序运行结果

程序中的__number、__mouth、__foot 这 3 个私有类属性通过 getAttribute() 和 setAttribute() 进行获取和设置操作。

例 8.12　设计并调用私有方法__resetAll()。

程序代码如下：

```
class Bird:
    __number=0
    __mouth='尖尖的嘴'
    __foot='2 只爪子'
    @classmethod
    def setAttribute(self,value):
        Bird.__number,Bird.__mouth,Bird.__foot=value
    @classmethod
    def getAttribute(self):
        return Bird.__number,Bird.__mouth,Bird.__foot
```

```
    def __resetAll(self):
        Bird.__number=0
        Bird.__mouth=''
        Bird.__foot=''
    def public_resetAll(self):
        self.__resetAll()
print()
bird=Bird()
print()
lst=list(bird.getAttribute())
print(lst)
lst[0]=8
lst[1]='修改：尖嘴'
lst[2]='修改：两只爪子'
bird.setAttribute(tuple(lst))
lst=list(Bird.getAttribute())
print(lst)
bird.public_resetAll()
lst=list(bird.getAttribute())
print(lst)
bird.__resetAll()          #调用私有方法，报错
```

程序运行结果如图 8.16 所示。

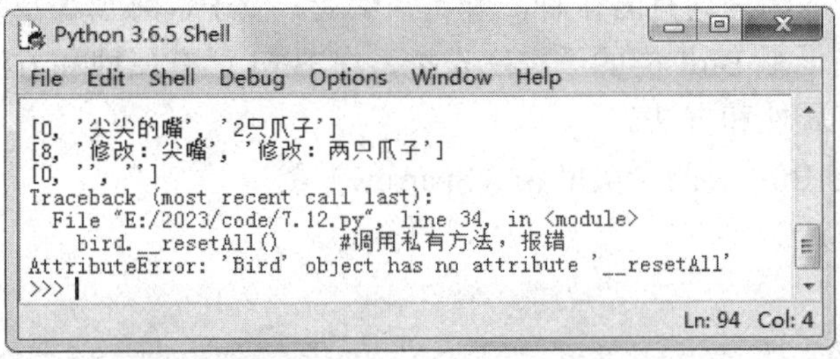

图 8.16　例 8.12 的程序运行结果

程序中的 bird.public_resetAll()语句执行成功，即在类的内部调用__resetAll()成功，在类外调用__resetAll()不成功。

8.4　继　　承

继承是面向对象程序设计的第二大特性。继承机制实现了大量的代码重用，大大简化了设计实现的难度。

继承使一个类能从其父类（基类）获取大部分或全部功能，在此基础上修改得到新的子类（衍生类），使其区别于父类的现有特征。继承父类而得到的属性和方法，不需

要重复进行代码编写，可以直接使用。

8.4.1 单继承和多继承

定义子类的语法格式如下：

```
class ChildClassName(FatherClassName):
    <statement_1>
        …
    <statement_n>
```

参数说明如下：

1）ChildClassName：子类名，命名方式同一般类的定义，应望文知义。一般使用"驼峰式命名法"。

2）FatherClassName：父类名，指明 ChildClassName 类继承自哪些类，多个父类名之间使用逗号分隔。

3）statement_1…statement_n：类体，同之前类的定义，由类变量（类成员）、方法和属性等定义语句组成。

如果一个子类只有一个父类，则称为单继承；如果一个子类有多个父类，则称为多继承。

1. 单继承

继续以鸟为例，因为鸟有若干种，麻雀、鹦鹉、鸽子、海鸥等都是鸟，但又各不相同，所以可以定义一个 Bird 类的子类麻雀类，在 Bird 已有属性和方法的基础上，补充麻雀类自己的特有属性和方法。

例 8.13 设计 Bird 类的子类麻雀（Sparrow）类。

程序代码如下：

```
class Bird:
    __number=0
    __mouth='尖尖的嘴'
    __foot='2 只爪子'
    @classmethod
    def setAttribute(self,value):
        Bird.__number,Bird.__mouth,Bird.__foot=value
    @classmethod
    def getAttribute(self):
        return Bird.__number,Bird.__mouth,Bird.__foot
class Sparrow(Bird):
    name='麻雀'
    color='棕色'
    def __init__(self):
        self.body='小'
```

```
sp=Sparrow()
print(sp.getAttribute())
print(sp.name+'、'+sp.color+'、'+sp.body)
```

程序运行结果如图 8.17 所示。

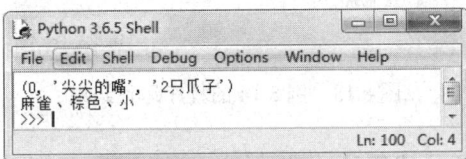

图 8.17　例 8.13 的程序运行结果

因为 Sparrow 类继承自 Bird 类，Sparrow 类中不需要重新定义 Bird 类中的所有公有方法和属性，就自动拥有，可以直接使用。

如果在程序最后增加一条语句"print(sp.__number)"，判断一下程序会怎样呢？运行发现，会出现错误提示"AttributeError: 'Sparrow' object has no attribute '__number'"（属性错误: 'Sparrow'类没有属性'__number'），这是因为父类 Bird 的私有属性在子类继承后，也是私有属性，在类外不能通过"."的形式访问。

2. 多继承

例 8.14　多继承示例：沙发床继承自沙发和床。

程序代码如下：

```
class Sofa():
    def __init__(self):
        self._color='yellow'
        print('in Sofa init')
    def sitting(self):
        print('can sitting!')
class Bed():
    def __init__(self):
        self._color='gray'
        print('in Bed init')
    def lying(self):
        print('can lie down!')
class Sofabed(Bed,Sofa):
    def __init__(self):
        Sofa.__init__(self)
        Bed.__init__(self)
        self._color='green'
s=Sofabed()
s.sitting()
s.lying()
```

程序运行结果如图 8.18 所示。

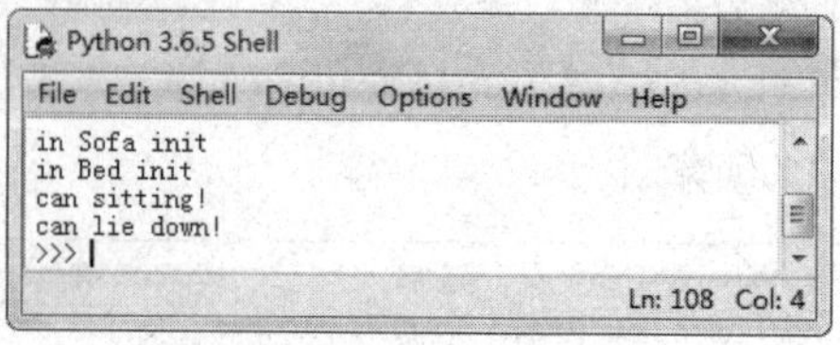

图 8.18　例 8.14 的程序运行结果

8.4.2　子类调用父类的方法或属性

子类的函数体中经常需要调用父类的方法，有 3 种实现方式，格式如下：

1）super().方法名()：调用当前子类的父类的方法。只能调用当前类的上一级类中的方法，"super()." 即为当前类的父类。

2）super(ClassName,self).方法名()：调用指定类 ClassName 的父类的方法。所使用的类名必须在当前类的继承关系中，这种方法可以调用不在类中的类方法，但是不能使用 self 参数作为对象出现。

3）FatherClassName.方法名()：用指定类名称调用。此时父类的方法必须是公有方法，子类也可以使用此方法调用父类的公有类属性，私有类属性和实例属性不能被子类访问。

例 8.15　子类 Sparrow 调用父类 Bird 的方法。

程序代码如下：

```python
class Bird:
    __number=0
    mouth='尖尖的嘴'
    def __init__(self):
        Bird.__number=__Bird.number+1
        self.name='鸟'
        self.foot='2只爪子'
    def setAttribute(self,value):
        self.mouth,self.foot=value
    def getAttribute(self):
        return self.mouth,self.foot
    @classmethod
    def getNum(self):
        return Bird.__number
    @classmethod
    def addNum(self):
        Bird.__number=Bird.__number+1
class Sparrow(Bird):
    number=0
```

```
    def __init__(self,color,size):
        print(super().mouth)                      #调用父类的属性
        super().addNum()                          #调用父类的方法
        Sparrow.number=Sparrow.number+1
        self.name='麻雀'
        self.color=color
        super().setAttribute(('尖嘴','2只'))       #调用父类的方法
        self.size=size
sp=Sparrow('灰色','小')
print(sp.getAttribute())
print(sp.name,sp.color,sp.size)
print('鸟编号：',sp.getNum(),'麻雀编号：',sp.number)
```

程序运行结果如图 8.19 所示。

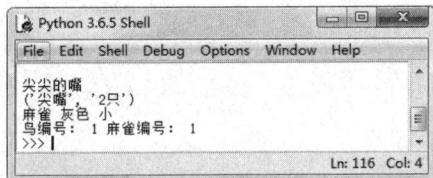

图 8.19 例 8.15 的程序运行结果

在例 8.15 中，在 Sparrow 类中通过"super()."调用了父类的两个方法 addNum()和
setAttribute()，还输出了父类的一个 mouth 属性。

8.5 多 态

多态是面向对象程序设计的第三大特性。多态就是多种形态，在编译时无法确定其
状态，而是在运行时实时确定。

通过重写父类的方法，利用父类来引用不同子类的对象，执行"父类对象.方法()"
代码时，会根据所引用对象的不同，执行不同子类对象的方法代码。

8.5.1 方法重写

父类的属性都会被子类继承，当父类的某些方法不完全适用于子类时，可以在子类
中重写这个方法。重写后，不同子类的同一名称的方法实现的功能不再一致。

重写的方法：方法名称不变，在子类中重写定义方法的参数和函数体。

例 8.16 方法重写示例。父类 Bird 定义一个 say 方法，在子类 Sparrow 和 Pigeon
中重写 say()方法，输出各自的特性。

程序代码如下：

```
class Bird:
    __number=0
```

```
        __mouth='尖尖的嘴'
        __foot='2 只爪子'
    def __init__(self,value):
        print(self.__number,self.__mouth,self.__mouth)
    def say(self,string):
        print('我是一只鸟.',string)
class Sparrow(Bird):
    name='麻雀'
    color='棕灰'
    def __init__(self):                  #方法重写
        self.body='小'
    def say(self):                       #方法重写
        print('我是一只',self.name,self.color)
class Pigeon(Bird):
    name='鸽子'
    color='白色'
    def __init__(self):                  #方法重写
        self.body='稍小'
    def say(self,string):                #方法重写
        print('我是一只',self.name,self.color,string)
print()
sp=Sparrow()
sp.say()
pg=Pigeon()
pg.say('我喜欢海')
```

程序运行结果如图 8.20 所示。

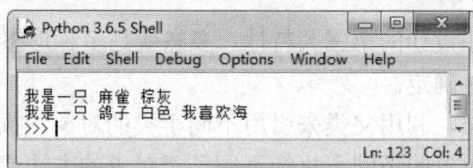

图 8.20　例 8.16 的程序运行结果

在例 8.16 中，我们发现方法重写只需要方法名不变，参数和函数体可以任意调整。

8.5.2　实现多态

方法重写后，不同的子类的同一方法实现的功能不同。此时，再通过统一的接口调用这些方法，即可实现多态。

例 8.17　方法重写示例。父类 Bird 定义一个 say()方法，在子类 Sparrow 和 Pigeon 中重写 say()方法，输出各自的特性。

程序代码如下：

```
class Bird:
    __number=0
    __mouth='尖尖的嘴'
    __foot='2 只爪子'
    def __init__(self,value):
        print(self.__number,self.__mouth,self.__foot)
    def say(self):
        print('我是一只鸟.',string)
class Sparrow(Bird):
    name='麻雀'
    color='棕灰'
    def __init__(self):              #方法重写
        self.body='小'
    def say(self):                   #方法重写
        print('我是一只',self.name,self.color,'我很开心')
class Pigeon(Bird):
    name='鸽子'
    color='白色'
    def __init__(self):              #方法重写
        self.body='稍小'
    def say(self):                   #方法重写
        print('我是一只',self.name,self.color,'我很快乐')
class Person():
    def ask_answer(self,bird):
        bird.say()
print()
sp=Sparrow()
pg=Pigeon()
per=Person()
per.ask_answer(sp)
per.ask_answer(pg)
```

程序运行结果如图 8.21 所示。per.ask_answer 方法内调用的都是 bird.say()，根据不同的子类 sp 和 pg，调用了不同的 say()方法，这就是多态特性。

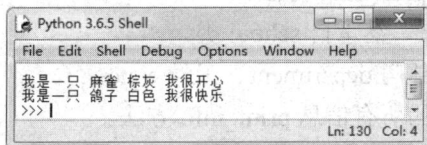

图 8.21　例 8.17 的程序运行结果

Python 语言在很多地方都体现了多态性。例如，len()函数可以计算各种对象，如字符串、列表、元组中的数据个数，它会在运行时通过参数类型确定具体的求数据个数的计算过程。

8.6　实　　验

实验 8.1　定义类及属性、方法的调用。

程序代码如下：

```
class Student():
    def __init__(self):
        self.sno='No01'
        self.name='张明芳'
        self.sex='女'
        self.age=20
        self.dept='金融系'
        print(self.sno+','+self.name+','+self.sex+','+str(self.age)+',
'+self.dept)
    def go_work():
        print("被中国银行天津分行录用。")
    def specific_work():
        print('在前台服务。')
    def weekdays():
        print('周一至周五，周六、日休息。')
s=Student()
Student.go_work()
Student.specific_work()
Student.weekdays()
```

阅读程序代码，运行程序并分析程序的运行结果。如果定义通用学生信息的类，其代码如何编写呢？

实验 8.2　使用 super()函数进行类的继承，将父类的方法和属性继承在子类中。

1）创建 school 类，声明 3 个主属性。

2）创建学生类 student，继承自 school 类的 3 个属性。

添加额外两个属性：班级 class、学号 s_no。

输出学生的所有信息 print_info 方法。

3）创建教师类 teacher，继承自 school 类。

添加额外两个属性：部门 department、工号 c_no。

添加方法：输出教师的所有信息 print_info 方法。

4）定义学生类、教师类的对象，然后分别调用 print_info 方法，实现各自对象属性信息的输出。

程序代码如下：

```
class school(object):
    def __init__(self, name, sex, age):
```

```
        self.name=name
        self.sex=sex
        self.age=age
class student(school):
    def __init__(self, name, sex, age, class_no, s_no):
        super(student, self).__init__(name, sex, age)
        self.class_no=class_no
        self.s_no=s_no
    def print_info(self):
        print("{}\t{}\t{}\t{}\t{}".format(self.name,self.sex,self.age,
self.class_no, self.s_no))
class teacher(school):
    def __init__(self, name, sex, age, department, c_no):
        super(teacher, self).__init__(name, sex, age)
        self.department=department
        self.c_no=c_no
    def print_info(self):
        print("{}\t{}\t{}\t{}\t{}".format(self.name, self.sex, self.age,
self.department, self.c_no))
print("name\tsex\tage\tclass\t\tsno")
s=student("张明芳", "女", 20, "金融2301", "No01")
s.print_info()
t=teacher("王晓杰", "女", 23, "会计2303", "No02")
t.print_info()
```

阅读程序，运行程序并分析程序的运行结果。

实验 8.3　模拟一个简单的公司管理系统。

一个公司有 4 类人员：经理、技术人员、销售人员及销售经理。

员工的共有属性有：姓名、级别、职工工号，月薪总额；新增职工的工号由公司现有的员工工号最大值加 1 得到；方法有 promote()，功能是改变员工的级别。

经理是固定月薪制；技术人员是底薪+时薪制；推销人员按销售额提成；销售经理则是固定月薪+销售额提成。

每种人员的月薪总额计算方法如下：

经理：8000 元/月。

技术人员：100 元/时。

推销人员：4%提成。

销售经理：5000 元/月+5%提成。

请编写程序，创建各类人员对象，并输出对象的信息。

程序代码如下：

```
class Employee:
    employeeNo=10;
```

```python
        #本公司职员编号目前最大值
    def __init__(self,name,grade):
        self.name=name          #姓名
        self.grade=grade        #级别
        Employee.employeeNo+=1
        self.individualEmpNo=Employee.employeeNo   #公司职工工号
        self.accumPay=0.0       #月薪总额
    def promote(self,increment):
        self.grade+=increment
class Manager(Employee):
    #经理类
    def __init__(self,name,grade):
        super().__init__(name,grade)  #调用基类的构造函数
        self.monthlyPay=8000
    def pay(self):
        #计算月薪的函数
        self.accumPay=self.monthlyPay
    def displayStatus(self):
        print('经理: ',self.name,'  工号: ',self.individualEmpNo,end='')
        print('级别: ',self.grade,'  月薪总额: ',self.accumPay)
class Salesman(Employee):
    def __init__(self,name,grade,sales):
        super(Salesman,self).__init__(name,grade)#调用基类的构造函数
        self.commRate=0.04          #按销售额提取酬金的百分比
        self.sales=sales            #当月销售额
    def pay(self):
        #计算月薪总额的方法
        self.accumPay=self.sales*self.commRate
    def displayStatus(self):
        #显示人员信息
        print('销售员: ',self.name,'  工号: ',self.individualEmpNo,end='')
        print('级别: ',self.grade,'  月薪总额: ',self.accumPay)
class SalesManager(Salesman,Manager):
        #销售经理类
    def __init__(self,name,grade,sales):
        #Manager.__init__(self,name,grade)
        Salesman.__init__(self,name,grade,sales)
        self.monthlyPay=5000
    def pay(self):
        #计算月薪总额的方法
        self.accumPay=self.monthlyPay+self.commRate*self.sales
    def displayStatus(self):
        #显示人员信息
        print('销售经理: ',self.name,'工号: ',self.individualEmpNo,end='')
```

```
            print('级别: ',self.grade,'  月薪总额: ',self.accumPay)
class Technician(Employee):
    #技术人员类
    def __init__(self,name,grade,hourlyRate,workHours):
        super(Technician,self).__init__(name,grade)
        self.hourlyRate=hourlyRate
        self.workHours=workHours
    def pay(self):
        self.accumPay=self.hourlyRate*self.workHours
    def displayStatus(self):
        print('技术员: ',self.name,'  工号: ',self.individualEmpNo,end='')
        print('级别: ',self.grade,'  月薪总额: ',self.accumPay)
#全局函数
def display(employee):
    employee.promote(1)    #级别增加2级
    employee.pay()
    employee.displayStatus()
m1=Manager('张林',5)
s1=Salesman('李明',2,10000)
sm1=SalesManager('王天',4,20000)
t1=Technician('赵清',3,100,100)
display(m1)
display(s1)
display(sm1)
display(t1)
```

程序运行结果如图 8.22 所示。

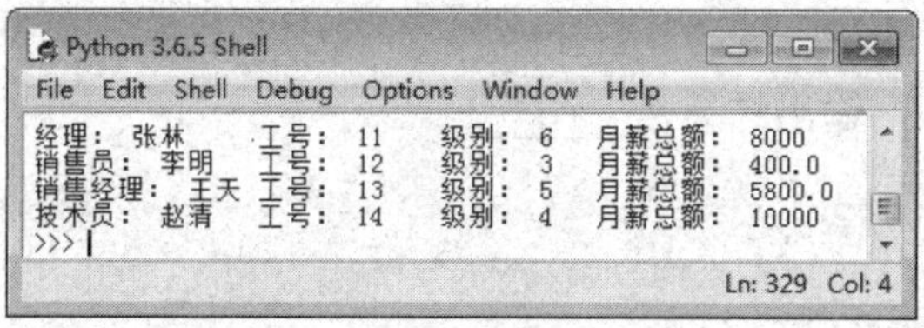

图 8.22 实验 8.3 的程序运行结果

习 题

一、选择题

1. 定义类的关键字为（   ）。

    A. class   B. Class   C. def   D. if

2. 下列属于面向对象程序设计的特性的是（   ）。

    A. 封装   B. 继承   C. 多态   D. 开放

3．（   ）描述的是类的行为特性。

　　A．方法　　　　　　B．属性　　　　　　C．名称　　　　　　D．格式

4．创建一个类的实例的过程，称为（   ）。

　　A．声明　　　　　　B．实例化　　　　　　C．对象　　　　　　D．类

5．下列类中定义的方法或属性，（   ）是私有的。

　　A．s.__name()　　　B．__name = 'ln'　　C．s.name()　　　D．name = 'ln'

二、填空题

1．类的实例称为_____。

2．一个子类有多个父类，称为_____。

3．子类调用父类的方法，可以在方法名前加_____前缀。

4．类名称的定义，应该符合_____命名法。

5．类属性为_____对象所公有；实例属性在构造函数中定义时必须以_____为前缀。

6．Python 的构造方法和析构方法分别是_____和_____。

三、阅读程序题

1．执行下列程序，输出结果是_____。

```python
class Person(object):
    def __init__(self, name, age):
        self.name=name
        self.age=age
    def drive(self):
        print('开车太好玩了，10迈，太快了')
p=Person('李明', 8)
p.drive()
```

2．执行下列程序，输出结果是_____。

```python
class Person(object):
    def __init__(self, name, age):
        self.name=name
        self.age=age
    def drive(self):
        print('开车太好玩了，30迈，太快了')
class Father(Person):
    def __init__(self, name, age, gender):
        super().__init__(name, age)
    self.gender=gender
    def drive(self):
        print('我是',self.name,' 开大汽车',super().gender)
p=Person('李明',8)
p.drive()
```

```
f=Father('王林',38,'男生')
f.drive()
```

四、程序填空题

在空白处填入合适的代码。

```
class Person(object):
    def __init__(self, name, age):
        _____.name=name
        self.age=age
    def work(self,string):
        print('我的工作是',_____)
p=Person('李明',18)
p.work('程序员')
```

五、编程题

1. 设计一个四边形的类 Shape，有计算周长的方法。自定义 4 条边长，创建实例，计算周长为多少。

2. 在题 1 的基础上，设计矩形、正方形两个类，均是 Shape 的子类，重写计算周长的方法，并重新计算正方形和矩形的周长。

3. 模拟老师和学生的课堂，定义 3 个类 Person、Teacher、Student，Person 类定义基本的姓名、性别、年龄、角色属性。Teacher 类和 Student 类是 Person 的子类，分别拥有各自的属性和方法。实现老师提问、学生回答的功能。

第9章 Python 数据分析中的常用模块

Python 具有强大的扩展能力，其中的数据分析与挖掘常用模块几乎可以满足各种需求。本章主要介绍了 NumPy、Pandas、Matplotlib 几个数据分析中常用模块的功能和简单应用。

9.1 NumPy 模块

NumPy（numerical Python 的简称）是 Python 的一个开源数值计算扩展模块，可用来存储和处理大型矩阵，支持大维度数组与矩阵运算，同时针对数组运算提供了大量的数学函数库。

9.1.1 NumPy 的数据类型

NumPy 提供了一个 n 维数组类型，描述了相同类型的"items"的集合。n 维数组是 NumPy 主要的数据类型，数组下标从 0 开始。

导入 numpy 库的语法格式如下：

```
import numpy as np
```

使用 numpy 函数或属性时，冠以 np.开头。

1. 利用列表创建数组

利用列表创建数组的语法格式如下：

```
np.array(object[,dtype][,ndmin])
```

参数说明如下：

1）object：同类型元素的列表或元组。

2）dtype：data-type，表示数组所需的数据类型，默认为 None。

3）ndmin：int，指定生成数组应该具有的最小维数，默认为 None。

例 9.1 使用列表生成数组。

程序代码如下：

```
>>> import numpy as np
>>> data=[3,-4,7,12]
>>> x=np.array(data)
>>> print('\n 使用列表生成一维数组：\n',x)
```

```
使用列表生成一维数组：
 [3  -4  7  12]
>>> data=[[1,2],[3,4],[5,6]]
>>> y=np.array(data)
>>> print('使用列表生成二维数组:\n',y)
使用列表生成二维数组：
 [[1 2]
 [3 4]
 [5 6]]
```

2．利用 range()函数生成一维数组

常用方法如下：

1）利用前面章节讲到的函数 range()，它返回一个 list 对象。该函数只能创建 int 型 list。

2）arange(start, end, step)，与 range()函数类似，但是返回一个 narray 对象，并且 arange 还可以使用 float 型数据。

3．利用 arange()函数和 reshape()函数创建多维数组

利用 arange()函数和 reshape()函数创建多维数组的语法格式如下：

```
np.arange(<elements_num>).reshape(<dimension_1>,<dimension_2>,…,
<dimension_m>)
```

说明：该方法利用 arange()函数生成一维数组，利用 reshape()函数将一维数组转换为多维数组。

例 9.2 创建数组。

程序代码如下：

```
>> import numpy as np
>>> x=np.arange(0,1,0.1)
>>> print('\n创建一维数组: \n',x)
创建一维数组：
 [0.0 0.1 0.2 0.3 0.4 0.5 0.6 0.7 0.8 0.9]
>>> y=np.arange(10).reshape(2,5)
>>> print('创建2×5数组: \n',y)
创建 2×5 数组：
 [[0 1 2 3 4]
 [5 6 7 8 9]]
```

9.1.2 NumPy 的基本运算

NumPy 提供了一些用于算术运算的方法，使用起来比 Python 提供的运算符灵活一些。

NumPy 的基本运算都是按元素操作的，下面给出一些基本的运算。

假设 x= np.arange(3,11,2)，y= np.array([1,4,3,2])，array 对象的基本运算如表 9.1 所示。

表 9.1 array 对象的基本运算

运算符	说明	示例	结果
+	加法	x+y	[4　9 10 11]
-	减法	x-y	[2 1 4 7]
*	乘法	x*y,3*x	[3 20 21 18]，[9 15 21 27]
/	除法	x/y	[8.　1.25　2.33333333　4.5]
%	取余数	y%x	[0 1 1 1]
**	幂运算	x**3	[27 125 343 729]

例 9.3 多维数组基本运算示例。

程序代码如下：

```
>>>import numpy as np
>>>x=np.array([[1,2,3],[3,4,1]])
>>>y=np.arange(6).reshape(2,3)
>>>print(x,'\n',y)
[[1 2 3]
 [3 4 1]]
 [[0 1 2]
 [3 4 5]]
>>>print(x+y)
[[1 3 5]
 [6 8 6]]
>>>print(x-y)
[[ 1  1  1]
 [ 0  0 -4]]
>>>print(x*y)
[[ 0  2  6]
 [ 9 16  5]]
>>>print(2*x)
[[2 4 6]
 [6 8 2]]
>>>print(x**3)
[[ 1  8 27]
 [27 64  1]]
```

9.1.3　生成随机数的常用函数

NumPy 的 random 模块中含有两类随机数生成函数：一类是浮点型的，常以 uniform()
函数为代表；另一类是整数型的，常以 randint() 函数为代表。

1．uniform()函数

函数 uniform()可以生成给定范围内的浮点型随机数，可以是单个值，也可以是一维数组，还可以是多维数组。函数 uniform()的语法格式如下：

```
np.random.uniform([<low>,<high>[,<size>]])
```

功能：从一个浮点数均匀分布[low, high)中随机采样，注意定义域是左闭右开，即包含 low，不包含 high。

参数说明如下：

1）low：采样下界，float 类型，默认值为 0。

2）high：采样上界，float 类型，默认值为 1。

3）size：输出样本数目，为 int 或元组（tuple）类型。例如，size=(m,n,k)，则表示有 m×n×k 个样本，缺省时输出 1 个值。

返回值：ndarray 类型，其形状和参数 size 中描述的一致。

例 9.4　函数 uniform()生成随机数示例。

程序代码如下：

```
>>>import numpy as np
>>>print(np.random.uniform())        #默认为 0~1
0.795166216995713
>>>print(np.random.uniform(1,5))      #生成 1~5 之间的 float 数
1.8848759029058821
>>>print(np.random.uniform(1,5,4))   #生成一维数组
[4.88465421  3.09464755  1.587742  1.80316994]
>>>print(np.random.uniform([1,5],[5,10]))  #生成 2 个元素的一维数组
[1.41545108  5.13669996]
```

2．randint()函数

函数 randint()可以生成给定范围内的整型随机数，可以是单个值，也可以是一维数组，还可以是多维数组，其语法格式如下：

```
np.random.randint(<low>[,high=None],size=None,dtype='l')
```

功能：用于生成一个指定范围内的整数。其中，参数 low 是下限，参数 high 是上限，生成的随机数 n 为 low≤n<high，即[low,high)。

参数说明如下：

1）low：int 型，随机数的下限。

2）high：int 型，默认为空，随机数的上限，当此值为空时，函数生成[0,<low>)区间内的随机数。

3）size：int 或元组类型，指明生成模式。

4）dtype：表示元素的数据类型，可选 int、int 64，默认为 l。

例 9.5　函数 randint()应用示例。

程序代码如下：

```
>>>import numpy as np
>>>print(np.random.randint(5))              #生成 0～5 之间的整数
0
>>>print(np.random.randint(5,size=4))       #生成 0～5 之间的 4 个元素数组
[3 0 1 2]
>>>print(np.random.randint(5,10,size=6))    #生成 5～10 之间的 6 个元素数组
[7 9 6 8 8 5]
```

例 9.6　随机函数生成验证码示例。假设用户名为"admin"，密码为"123"，程序随机生成 n（小于 len(s)）个字符的验证码，当输入都正确时，输出"Login success!"。

程序代码如下：

```
import random
def gen_code(n):
    s='er0dfsdfxcvbn7f989fd'
    code=''
    for i in range(n):
        r=random.randint(0,len(s)-1)
        code+=s[r]
    return code
username=input('输入用户名：')
passwd=input('输入密码：')
code=gen_code(5)
print('验证码是：',code)
code1=input('输入验证码：')
if code.lower()==code1.lower():
    if username=='admin' and passwd=='123':
        print('Login success!')
    else:
        print('username or password error!')
else:
    print('check code error!')
```

9.1.4　对象转换

在使用字符串、列表、数组的过程中，经常需要相互转换。可以利用 type()函数查看对象的类型。

1. 列表与字符串的相互转换

（1）列表转换为字符串

当列表中的各元素都是字符串时，一般通过 join()函数转换成字符串，但是当列表

中含有数字类型元素时，需要先将数字类型元素转换为字符串。

例 9.7　列表转换为字符串示例。

程序代码如下：

```
>>>lst1=['This','is','a','apple']
>>>str1=' '.join(lst1)
>>>print('lst1 类型为：',type(lst1),',str1 类型为：',type(str1))
lst1 类型为：<class 'list'> ,str1 类型为：<class 'str'>
#如果列表中包含数字类型元素，则需要先转换为字符串
>>>lst2=['S6','张明芳','女',20,'金融系']
>>>str2=' '.join([str(x) for x in lst2])
>>>print('lst2 类型为：',type(lst2),',str2 类型为：',type(str2))
lst2 类型为：<class 'list'> ,str2 类型为：<class 'str'>
```

（2）字符串转换为列表

字符串转换为列表的方法有两种：一是利用列表直接转换，即 list(<string>)；二是通过字符串的 split() 方法转换。

例 9.8　字符串转换为列表示例。

程序代码如下：

```
>>>str1='Python program'
>>>lst1=list(str1)
>>>print('\nlist 转换：',lst1)
list 转换：['P', 'y', 't', 'h', 'o', 'n', ' ', 'p', 'r', 'o', 'g', 'r', 'a',
'm']
>>>lst2=str1.split()
>>>print('空格分隔：',lst2)
空格分隔：['Python', 'program']
>>>lst3=str1.split(',')
>>>print('逗号分隔：',lst3)
逗号分隔：['Python program']
```

2. 数组与字符串的相互转换

将数组转换为字符串的方法和列表转换为字符串的方法是一样的。

例 9.9　数组转换为字符串示例。

程序代码如下：

```
>>>import numpy as np
>>>lst1=['This','is','a','program']
>>>arr1=np.array(lst1)
>>>str1=''.join(arr1)
>>>print() #增加一个空行

>>>print(arr1,' 类型是：',type(arr1))
```

```
['This' 'is' 'a' 'program']  类型是: <class 'numpy.ndarray'>
>>>print(str1,' 类型是: ',type(str1))
Thisisaprogram  类型是: <class 'str'>
```

将字符串转换为数组时，可以先将字符串转换为列表，再将列表转换为数组。

例 9.10 字符串转换为数组示例。

程序代码如下：

```
>>>import numpy as np
>>>str1='567232'
>>>lst1=list(str1)
>>>arr1=np.array(lst1)
>>>print(arr1)
['5' '6' '7' '2' '3' '2']
```

3. 列表和数组的相互转换

使用 np.array()方法可以将列表转换为数组。

例 9.11 列表转换为数组示例。

程序代码如下：

```
>>>import numpy as np
>>>lst1=[-3,4,8,6]
>>>lst2=[[2,3,4],[4,7,1]]
>>>arr1=np.array(lst1)
>>>arr2=np.array(lst2)
>>>print(arr1)
[-3  4  8  6]
>>>print(arr2)
[[2 3 4]
 [4 7 1]]
```

使用 tolist()或 list()方法可以将数组转换为列表。

例 9.12 数组转换为列表示例。

程序代码如下：

```
>>>import numpy as np
>>>arr1=np.array([-3,4,8,6])
>>>arr2=np.array([[2,3,4],[4,7,1]])
>>>lst1=arr1.tolist()
>>>lst2=arr2.tolist()
>>>print(lst1)
[-3, 4, 8, 6]
>>>print(lst2)
[[2, 3, 4], [4, 7, 1]]
```

9.1.5 数组元素和切片

Numpy 多维数组和列表的类型非常类似,同样有访问数组元素和切片功能。访问数组元素是指获取数组中特定位置元素的过程,切片是指获取数组元素子集的过程。

例 9.13 一维数组访问元素和切片示例。

程序代码如下:

```
>>>import numpy as np
>>>arr1=np.array([-4,8,12,6,9,11,25])
>>>print(arr1[4])          #输出下标为 4 的元素
9
>>>print(arr1[2:5])        #输出下标为 2、3、4 的元素
[12  6  9]
>>>print(arr1[1:5:2])      #输出下标为 1、3 的元素
[8  6]
```

9.2 Pandas 模块

Pandas 是基于 NumPy 库的用于数据处理和分析的一种工具,该工具是为了解决数据分析任务而创建的。它采用的是矩阵运算,要比 Python 自带的字典或列表效率高得多。

9.2.1 Pandas 中的数据结构

Pandas 有两大数据结构 Series 和 DataFrame。数据分析的相关操作都围绕这两种结构进行,需要使用语句“import pandas as pd”导入。Series 是一种一维数组对象,DataFrame 是一个二维的表结构,类似 Excel。

1. Series 对象

Series 对象包含一组数据和一组索引,可以理解为一组带索引的数组。它由两个相关联的数组组合在一起:①主元素数组;②index 数组。index 数组可以是数字或字符串。创建 Series 对象的语法格式如下:

1)通过列表创建的语法格式如下:

```
pd.Series(<list>[,index=<index_array>])
```

其中,<list>为数据列表;<index_array>为 Series 的索引,如果没有定义,则默认为 (0,1,2,…,n)。

2)通过字典创建的语法格式如下:

```
pd.Series({<key_1>:<value_1>,<key_2>:<value_2>,…, <key_n>:<value_n>})
```

例 9.14　Series 对象创建示例。

程序代码如下：

```
>>> import pandas as pd
>>> s1=pd.Series([12,5,7,21],index=[4,2,3,1])
>>> s2=pd.Series([12,5,7,21],index=['a','b','c','d'])
>>> s3=pd.Series({'a':21,'b':213,'c':309,'d':210,'e':111})
>>>print(s1)
4    12
2     5
3     7
1    21
dtype: int64
>>>print(s2)
a    12
b     5
c     7
d    21
dtype: int64
>>>print(s3)
a     21
b    213
c    309
d    210
e    111
dtype: int64
```

2.　DataFrame 对象

DataFrame 是一个表格型的数据结构，包含有一组有序的列，每列可以是不同的值类型（数值、字符串、布尔型等）。它有行索引也有列索引，可以看作是由 Series 组成的字典。

1）使用二维列表创建 DataFrame 对象的语法格式如下：

```
pd.DataFrame(<two_dimension_list>[,index=<line_index>][,columns=<column_index>])
```

参数说明如下：

① <two_dimension_list>：表示二维列表数据。

② index：表示 DataFrame 的行索引，默认为(0,1,2,…,m)。

③ columns：表示 DataFrame 的列标签，默认为(0,1,2,…,n)。

例 9.15　使用二维列表创建 DataFrame 对象示例。

程序代码如下：

```
>>> import pandas as pd
>>> line_index=['No01','No02','No03','No04']
>>> column_index=['姓名','性别','年龄','系部']
>>> datas=[['张明芳','女',20,'金融系'],['王丽静','女',22,'金融系'],['刘兴胜',
'男',21,'会计系'],['王晓杰','女',21,'会计系']]
>>> df =pd.DataFrame(datas,index=line_index,columns=column_index)
>>> print(df)
      姓名   性别   年龄    系部
No01  张明芳   女    20   金融系
No02  王丽静   女    22   金融系
No03  刘兴胜   男    21   会计系
No04  王晓杰   女    21   会计系
```

2）使用字典方式创建 DataFrame 的语法格式如下：

```
pd.DataFrame(<dict>[,index=<line_index>])
```

参数说明如下：

① dict：表示字典数据。

② index：表示 DataFrame 的行索引，默认为 $(0,1,2,\cdots,m)$。

例 9.16 使用字典方式创建 DataFrame 对象示例。

```
>>> import pandas as pd
>>> datas={'姓名':['张明芳','王丽静','刘兴胜','王晓杰'],'性别':['女','女',
'男','女'],'年龄':[21,22,22,21],'系部':['金融系','金融系','会计系','会计系']}
>>> line_index=['No01','No05','No03','No02']
>>> df=pd.DataFrame(datas,index=line_index)
>>> print(df)
      姓名   性别   年龄    系部
No01  张明芳   女    20   金融系
No05  王丽静   女    22   金融系
No03  刘兴胜   男    21   会计系
No02  王晓杰   女    21   会计系
```

9.2.2 DataFrame 的基本属性

DataFrame 的基础属性有 values、index、columns、ndim 和 shape 等，分别可以获取 DataFrame 的元素、索引、列名、维度和形状。假设 df=pd.DataFrame({'姓名':['张明芳','刘兴胜'],'性别':['女','男'],'年龄':[20,21],'系部':['金融系','会计系']},index=['No01','No03'])，DataFrame 的基本属性如表 9.2 所示。

表 9.2　DataFrame 的基本属性

属性和方法	说明	示例	结果
values	获取 ndarray 类型的元素	df.values	[['张明芳' '女' 20 '金融系'] ['刘兴胜' '男' 21 '会计系']]
index	获取行索引	df.index	Index(['No01','No03'], dtype='object')
axes	获取行及列索引	df.axes	[Index(['No01''No03'], dtype='object'), Index(['姓名', '性别', '年龄', '系部'], dtype='object')]
columns	获取列名列表	df.columns	Index(['姓名','性别','年龄','系部'], dtype='object')
size	获取元素个数	df.size	8
ndim	获取维度	df.ndim	2
shape	获取形状	df.shape	(2,4)

9.2.3　DataFrame 的常用方法

利用 9.2.2 中的例子，DataFrame 常用方法如表 9.3 所示。

表 9.3　DataFrame 常用方法

属性和方法	说明	示例	结果
iloc[<行序>,<列序>]	按序号获得元素	df.iloc[:,0:2]	姓名　性别 No01　张明芳　女 No03　刘兴胜　男
loc[<行索引>,<列索引>]	按索引获得元素	df.loc['No03','姓名']	刘兴胜
df.head(i)	显示前 i 行数据	df.head(1)	姓名　性别　年龄　系部 No01　张明芳　女　20　金融系
df.tail(i)	显示后 i 行数据	df.tail(1)	姓名　性别　年龄　系部 No03　刘兴胜　男　21　会计系

9.2.4　DataFrame 的数据查询与编辑

1.　数据查询

数据查询一般是通过索引来操作的。

（1）查询列数据

通过列索引标签或属性的方式可以单独获取 DataFrame 的列数据，返回数据类型为 Series。在选取列时不能使用切片的方式，超过一个列名时使用 df[[<column_name_1>, <column_name_2>,…,<column_name_k>]]。

例 9.17　查询列数据示例。

程序代码如下：

```
>>>import pandas as pd
>>>datas={'姓名':['张明芳','刘兴胜','李玉普','王丽静'],
```

```
            '性别':['女','男','男','女'],
            '年龄':[20,21,22,22],
            '系部':['金融系','会计系','会计系','金融系']}
>>>df=pd.DataFrame(datas,index=['No01','No03','No04','No05'])
>>>print('\n查询姓名列：\n',df[['姓名']])
查询姓名列：
        姓名
No01  张明芳
No03  刘兴胜
No04  李玉普
No05  王丽静
>>>print('\n查询姓名和年龄列：\n',df[['姓名','年龄']])
查询姓名和年龄列：
        姓名  年龄
No01  张明芳  20
No03  刘兴胜  21
No04  李玉普  22
No05  王丽静  22
```

（2）查询行数据

通过行索引或行索引位置的切片形式获取行数据（从 0 开始的、左闭右开区间）。
DataFrame 提供的 head 和 tail 方法可以分别获取开始和末尾的连续多行数据，sample 可以随机抽取并显示数据。

例 9.18　查询行数据示例。

程序代码如下：

```
>>> import pandas as pd
>>> datas={'姓名':['张明芳','刘兴胜','李玉普','王丽静'],
            '性别':['女','男','男','女'],
            '年龄':[20,21,22,22],
            '系部':['金融系','会计系','会计系','金融系']}
>>> df=pd.DataFrame(datas,index=['No01','No03','No04','No05'])
>>> print('查询前两行：\n',df[:2])
查询前两行：
        姓名  性别  年龄   系部
No01  张明芳  女   20   金融系
No03  刘兴胜  男   21   会计系
>>> print('查询第2行：\n',df[1:2])
查询第2行：
        姓名  性别  年龄   系部
No03  刘兴胜  男   21   会计系
>>> print('查询前3行：\n',df.head(3))
查询前3行：
```

```
          姓名   性别   年龄    系部
No01  张明芳   女     20     金融系
No03  刘兴胜   男     21     会计系
No04  李玉普   男     22     会计系
>>> print('查询后两行：\n',df.tail(2))
查询后两行：
          姓名   性别   年龄    系部
No04  李玉普   男     22     会计系
No05  王丽静   女     22     金融系
```

（3）同时查询行和列

切片查询行的限制比较大，查询单独的几行数据可以采用 Pandas 提供的 iloc[]和 loc[]方法实现。

例 9.19　同时选择行和列示例。

程序代码如下：

```
>>> import pandas as pd
>>> datas={'姓名':['张明芳','刘兴胜','李玉普','王丽静'],
      '性别':['女','男','男','女'],
      '年龄':[20,21,22,22],
      '系部':['金融系','会计系','会计系','金融系']}
>>> df=pd.DataFrame(datas,index=['No01','No03','No04','No05'])
>>> print('\n 查询序号为 No01 和 No04 学生的姓名和系部：\n',df.loc[['No01',
'No04'],['姓名','系部']])
查询序号为 No01 和 No04 学生的姓名和系部：
          姓名    系部
No01  张明芳   金融系
No04  李玉普   会计系
>>>print('查询第 1 和第 3 行的第 2 列：\n',df.iloc[[1,3],[1]])
查询第 1 和第 3 行的第 2 列：
          年龄
No03  21
No05  22
```

（4）条件查询

由逻辑表达式构成查询条件，获取符合条件的记录。

例 9.20　条件查询示例。

程序代码如下：

```
>>> import pandas as pd
>>> datas={'姓名':['张明芳','刘兴胜','李玉普','王丽静'],
      '性别':['女','男','男','女'],
      '年龄':[20,21,22,22],
      '系部':['金融系','会计系','会计系','金融系']}
```

```
>>> df=pd.DataFrame(datas,index=['No01', 'No03','No04','No05'])
>>> print('\n 查询姓名为李玉普的信息: \n',df[df['姓名']=='李玉普'])
查询姓名为李玉普的信息:
         姓名  年龄  性别   系部
No04  李玉普  22  男    会计系
>>>print('\n 查询金融系的女学生的信息: \n',df[(df['性别']=='女')&(df['系部']
=='金融系')])
查询金融系的女学生的信息:
         姓名  年龄  性别   系部
No01  张明芳  20  女    金融系
No05  王丽静  22  女    金融系
```

2. 数据编辑

DataFrame 对象的数据编辑方法有多种，这里只介绍常用的几种。

（1）添加数据

可以通过 append()方法添加一行数据，创建一个新的数据列，类似于字典中的添加项。

例 9.21　添加新的行或列示例。

程序代码如下：

```
>>> import pandas as pd
>>> datas={'姓名':['张明芳','刘兴胜','李玉普','王丽静'],
        '性别':['女','男','男','女'],
        '年龄':[20,21,22,22],
        '系部':['金融系','会计系','会计系','金融系']}
>>> df=pd.DataFrame(datas)
>>> print('\n 原数据表: \n',df)
原数据表:
      姓名  年龄  性别   系部
0  张明芳  20  女    金融系
1  刘兴胜  21  男    会计系
2  李玉普  22  男    会计系
3  王丽静  22  女    金融系
>>> data_1={'姓名':'齐晓斌','性别':'男','年龄':20,'系部':'会计系'}
>>> df1=df.append(data_1,ignore_index=True)              #添加一行数据
>>> df1['籍贯']=['天津市','山西省','山西省','陕西市','江苏省']   #添加一列数据
>>> print('\n 添加新的数据行和列: \n',df1)
添加新的数据行和列:
      姓名  年龄  性别   系部    籍贯
0  张明芳  20  女    金融系   天津市
1  刘兴胜  21  男    会计系   山西省
2  李玉普  22  男    会计系   山西省
3  王丽静  22  女    金融系   陕西市
4  齐晓斌  20  男    会计系   江苏省
```

（2）删除数据

删除数据时可直接使用 drop()方法，行列数据通过 axis 参数设置，0 默认为删除行，1 默认为删除列。默认数据删除不修改原数据，参数 inplace=True 表示在原数据上删除。

例 9.22　删除行或列示例。

程序代码如下：

```
>>> import pandas as pd
>>> datas={'姓名':['张明芳','刘兴胜','李玉普','王丽静'],
      '性别':['女','男','男','女'],
      '年龄':[20,21,22,22],
      '系部':['金融系','会计系','会计系','金融系']}
>>> df=pd.DataFrame(datas)
>>> df1=df.drop([2],axis=0,inplace=False)   #删除序号为2的行，即第3行
>>> print('删除第3行：\n',df1)
删除第3行：
    姓名  年龄  性别   系部
0  张明芳  20   女   金融系
1  刘兴胜  21   男   会计系
3  王丽静  22   女   金融系
>>> df.drop('系部',axis=1,inplace=True)      #删除系部列
>>> print('删除系部一列：\n',df)
删除系部一列：
    姓名  年龄  性别
0  张明芳  20   女
1  刘兴胜  21   男
2  李玉普  22   男
3  王丽静  22   女
```

（3）修改数据

修改数据时，只需对选择的数据进行赋值即可。

例 9.23　修改数据示例。

程序代码如下：

```
>>> import pandas as pd
>>> datas={'姓名':['张明芳','刘兴胜','李玉普','王丽静'],
      '性别':['女','男','男','女'],
      '年龄':[20,21,22,22],
      '系部':['金融系','会计系','会计系','金融系']}
>>> df=pd.DataFrame(datas)
>>> df.loc[2,'姓名']='李钰谱'  #将姓名"李玉普"改成"李钰谱"，或用df.iloc[2,0]
>>> print('修改一个元素的值：\n',df)
修改一个元素的值：
    姓名  年龄  性别   系部
0  张明芳  20   女   金融系
```

```
1   刘兴胜   21      男    会计系
2   李钰谱   22      男    会计系
3   王丽静   22      女    金融系
>>> df.loc[1,['姓名','性别']]=['王力','男']   #修改第 2 行的姓名和性别
>>> print('修改某行几个元素值：\n',df)
修改某行几个元素值：
     姓名   年龄   性别    系部
0   张明芳   20      女    金融系
1    王力   21      男    会计系
2   李钰谱   22      男    会计系
3   王丽静   22      女    金融系
>>> df.iloc[:,2]=[21,22,23,21]                #修改第 3 列的内容
>>> print('修改某列的值：\n',df)
修改某列的值：
     姓名   年龄   性别    系部
0   张明芳   20      21    金融系
1    王力   21      22    会计系
2   李钰谱   22      23    会计系
3   王丽静   22      21    金融系
```

9.2.5　排序

在数据分析的过程中，有时需要根据索引的大小或值的大小对 Series 对象和 DataFrame 对象进行排序。利用 sort_index()函数可以根据行或列的索引进行排序；利用 sort_values()函数可以根据行或列的值进行排序。

例 9.24　按 Series 对象的索引进行排序示例。

程序代码如下：

```
>>> import pandas as pd
>>> s=pd.Series([1,2,3],index=['a','c','b'])
>>> print('按 Series 对象的索引进行升序排序：\n',s.sort_index())  #默认是升序
按 Series 对象的索引进行升序排序：
a    1
b    3
c    2
dtype: int64
>>> print('按 Series 对象的索引进行降序排序：\n', s.sort_index(ascending=
False))
按 Series 对象的索引进行降序排序：
c    2
b    3
a    1
dtype: int64
```

例 9.25 按 Series 对象的值进行排序示例。

程序代码如下：

```
>>> import pandas as pd
>>> import numpy as np
>>> s=pd.Series([np.nan,1,7,2,3],index=['a','c','e','b','d'])
>>> print('按 Series 对象的值进行升序排序: \n',s.sort_values()) #默认是升序排序
按 Series 对象的值进行升序排序:
c    1.0
b    2.0
d    3.0
e    7.0
a    NaN
dtype: float64
>>> print('按 Seires 对象的值进行降序排序: \n',s.sort_values(ascending=False))
按 Seires 对象的值进行降序排序:
e    7.0
d    3.0
b    2.0
c    1.0
a    NaN
dtype: float64
```

说明：对值进行排序时，无论是升序还是降序，缺失值（NaN）都会排在最后。

例 9.26 按 DataFrame 对象的索引进行排序示例。

程序代码如下：

```
>>> import numpy as np
>>> import pandas as pd
>>> a=np.arange(9).reshape(3,3)
>>> data=pd.DataFrame(a,index=['0','2','1'],columns=['c','a','b'])
>>> print('按行的索引升序进行排序:\n',data.sort_index()) #默认按行升序
按行的索引升序进行排序:
   c  a  b
0  0  1  2
1  6  7  8
2  3  4  5
>>> print('按行的索引降序进行排序:\n',data.sort_index(ascending=False))
按行的索引降序进行排序:
   c  a  b
2  3  4  5
1  6  7  8
0  0  1  2
>>> print('按列的索引升序进行排序:\n',data.sort_index(axis=1)) #默认升序
按列的索引升序进行排序:
```

```
    a b c
0   1 2 0
2   4 5 3
1   7 8 6
>>>print('按列的索引降序进行排序: \n',data.sort_index(axis=1, ascending=False))
按列的索引降序进行排序:
    c b a
0   0 2 1
2   3 5 4
1   6 8 7
```

例 9.27　按 DataFrame 对象的值进行排序示例。

程序代码如下:

```
>>> import pandas as pd
>>> import numpy as np
>>> data=[[9,3,1],[1,2,8],[1,0,5]]
>>> df=pd.DataFrame(data,index=['S1','S2','S3'],columns=['c','a', 'b'])
>>> print('按指定列的值大小顺序进行排序: \n',df.sort_values(by='c'))  #默认升序
按指定列的值大小顺序进行排序:
     c a b
S2   1 2 8
S3   1 0 5
S1   9 3 1
>>>print('按指定多列的值大小顺序进行排序: \n',df.sort_values(by=['c','a']))
#对 DataFrame 对象的值进行排序时,要使用 by 指定某一行(列)或某几行(列)
按指定多列的值大小顺序进行排序:
     c a b
S3   1 0 5
S2   1 2 8
S1   9 3 1
>>> print('按指定行值进行排序: \n',df.sort_values(by='S1',axis=1))
#在指定行值进行排序时,必须设置 axis=1
按指定行值进行排序:
     b a c
S1   1 3 9
S2   8 2 1
S3   5 0 1
```

9.2.6　汇总与统计

pandas 对象拥有一组常用的数学和统计方法。

假设 df=pd.DataFrame([[np.nan,1,3],[4,5,6]], index={'S1','S2'}, columns= ['c','a','b']), pandas 对象常用方法示例如表 9.4 所示。

表 9.4 pandas 对象常用方法示例

方法	说明	示例	结果
count	按列统计非 NaN 值的数量	df.count()	输出列名及各列非 NaN 值的数量
describe	针对 Series 或各 DataFrame 列计算汇总统计	df.describe()	输出各列的 count、mean、std、min、max 等值
max、min	最大值和最小值	df.max()	输出列名及各列的最大值
sum	值的总和	df.sum()	输出列名及各列的和
mean	值的平均数	df.mean()	输出列名及各列的平均值
median	值的算术中位数（50%分位数）	df.median()	输出列名及各列的中位数
var	样本值的方差	df.var()	输出列名及各列的方差
std	样本值的标准差	df.std()	输出列名及各列的标准差

9.2.7 Pandas 数据分组

Pandas 可以方便地对数据进行不同维度的分组与统计操作。分组就是对数据集进行分组，然后对每组数据进行统计分析。Pandas 利用 groupby()进行分组，它没有进行实际运算，只是包含分组的中间数据，返回的是一个分组后的对象。

按列名分组的语法格式如下：

```
<DataFrame_object>.groupby(<column_name>)
```

1. 查看分组后的数据

由于分组后的数据返回的是一个对象，因此采用遍历的方式才能查看数据。

例 9.28　如下数据集中，按姓名分组后查看全部数据。

程序代码如下：

```
>>> import pandas as pd
>>> datas={'姓名':['张明芳','刘兴胜','王晓杰','刘兴胜','张明芳','张明芳'],
        '课程':['金融学','金融学','金融学','投资学','投资学','保险学'],
        '成绩':[89,84,78,90,72,88]}
>>> df=pd.DataFrame(datas)
>>> df_groups=df.groupby('姓名')
>>> for name in df_groups:
        print('\n',name)
('刘兴胜',     姓名  成绩   课程
1  刘兴胜  84  金融学
3  刘兴胜  90  投资学)


 ('张明芳',     姓名  成绩    课程
0  张明芳  89  金融学
```

```
4   张明芳   72   投资学
5   张明芳   88   保险学)
 ('王晓杰',        姓名   成绩    课程
2   王晓杰   78   金融学)
```

2. 查看某组数据

利用 get_group() 方法可以查看某分组的数据。

例 9.29　如下数据集按姓名分组后，查看姓名为"张明芳"的一组数据。

程序代码如下：

```
>>> import pandas as pd
>>> datas={'姓名':['张明芳','刘兴胜','王晓杰','刘兴胜','张明芳','张明芳'],
        '课程':[ '金融学','金融学','金融学','投资学','投资学','保险学'],
        '成绩':[89,84,78,90,72,88]}
>>> df=pd.DataFrame(datas)
>>> df_groups=df.groupby('姓名')
>>> res=df_groups.get_group('张明芳')
>>> print('\n',res)
    姓名   成绩    课程
0   张明芳   89    金融学
4   张明芳   72    投资学
5   张明芳   88    保险学
```

3. 查看各分组数据的数量

可以利用遍历的方式来获取分组后各组数据的数量。

例 9.30　如下数据集按姓名分组后，查看各组数据的数量。

程序代码如下：

```
>>> import pandas as pd
>>> datas={'姓名':['张明芳','刘兴胜','王晓杰','刘兴胜','张明芳','张明芳'],
        '课程':[ '金融学','金融学','金融学','投资学','投资学','保险学'],
        '成绩':[89,84,78,90,72,88]}
>>> df=pd.DataFrame(datas)
>>> df_groups=df.groupby('姓名')
>>> print()
>>> for name,value in df_groups.size().items():
        print(name,value)
刘兴胜 2
张明芳 3
王晓杰 1
```

有关程序的说明如下：

1）df_groups.size() 会返回分组后数据对应的数量。

2）df_groups.size().items()则是打包成 zip 对象，包括分组名称及数量，其各变量的含义如下：

① name：遍历出来的分组名称。

② value：每组对应数据的数量。

4. 分组后数据统计

Pandas 提供了很多的统计函数，如 sum()、mean()、median()、max()、min()等，分别用于统计各分组中所有数值的和、平均值、中位数、最大值、最小值等。

（1）查看某个组的统计量

例 9.31 如下数据集按姓名分组后，查看"张明芳"同学的总成绩、平均分、最高分和最低分。

程序代码如下：

```
>>> import pandas as pd
>>> datas={'姓名':['张明芳','刘兴胜','王晓杰','刘兴胜','张明芳','张明芳'],
        '课程':[ '金融学','金融学','金融学','投资学','投资学','保险学'],
        '成绩':[89,84,78,90,72,88]}
>>> df=pd.DataFrame(datas)
>>> df_groups=df.groupby('姓名')
>>> df_g=df_groups.get_group('张明芳')
>>> df_sum=df_g['成绩'].sum()
>>> df_mean=df_g['成绩'].mean()
>>> df_max=df_g['成绩'].max()
>>> df_min=df_g['成绩'].min()
>>> print('\n 张明芳同学的总成绩：',df_sum,'；平均分：',df_mean,'；最高分：
',df_max,'；最低分：',df_min)
张明芳同学的总成绩：249；平均分：83.0；最高分：89；最低分：72
```

（2）同时查看各分组的统计量

Pandas 还提供了可以同时查看各分组的统计量的函数 agg()（agg 是 aggregate 的别名），其语法格式如下：

```
DataFrame.agg(func=None, axis=0)
```

参数说明如下：

1）func：用于统计数据的函数。

2）axis：默认为 0。取值为 0 时，函数作用于每列；取值为 1 时，函数作用于每行。

返回值：Scalar、Series 或 DataFrame。

1）Scalar：当在 Series.agg()中使用单个函数时，返回 Scalar。

2）Series：当在 DataFrame.agg()中使用单个函数时，返回 Series。

3）DataFrame：当在 DataFrame.agg()中使用多个函数时，返回 DataFrame。

例 9.32 如下数据集按姓名分组后，查看各位学生的总成绩、平均分、最高分和最低分。

程序代码如下：

```
>>> import pandas as pd
>>> datas={'姓名':['张明芳','刘兴胜','王晓杰','刘兴胜','张明芳','张明芳'],
        '课程':[ '金融学','金融学','金融学','投资学','投资学','保险学'],
        '成绩':[89,84,78,90,72,88]}
>>> df=pd.DataFrame(datas)
>>> df_groups=df.groupby('姓名')
>>> print()
>>> for name,group in df_groups:
        df_se=group['成绩'].agg(['sum','mean','max','min'])
    print('{}组的总成绩是{}，平均分是{}，最高分是{}，最低分是{}'.format(name,
df_se[0],df_se[1],df_se[2],df_se[3]))
刘兴胜组的总成绩是 174.0，平均分是 87.0，最高分是 90.0，最低分是 84.0
张明芳组的总成绩是 249.0，平均分是 83.0，最高分是 89.0，最低分是 72.0
王晓杰组的总成绩是 78.0，平均分是 78.0，最高分是 78.0，最低分是 78.0
```

9.2.8　CSV 与 Excel 文件的读取与存储

数据大部分存储在文件当中，因此 Pandas 支持复杂的 I/O 操作，它的 API 支持众多的文件格式，如 CSV、Excel 等。

1. CSV 文件

CSV（comma separated values）文件是一种最通用的文件格式，它可以非常容易地被导入到各种 PC 表格及数据库中。此文件一行即为数据表的一行，生成的数据表字段使用半角逗号隔开。Pandas 利用 writerow()方法写入 CSV 文件数据，利用 read_csv()方法读取 CSV 文件数据。

例 9.33　在指定路径下创建 CSV 文件示例。

程序代码如下：

```
import csv
import os
os.chdir('D:\python_data')              #改变当前路径
head=['学号','姓名','性别','年龄','系部'] #定义文件头
lst=[['No01','张明芳','女',21,'金融系'],
     ['No02','李玉普','男',22,'电信系'],
     ['No03','刘兴胜','男',20,'会计系'],
     ['No04','王丽静','女',22,'金融系']]
with open ('test1.csv', 'a', newline='') as f :  #以追加方式打开或创建
    f_csv=csv.writer(f)
    f_csv.writerow(head)  #写入文件头
    for i in range(4):       #按行写入文件
        f_csv.writerow(lst[i])
```

例 9.34　读取 CSV 文件示例。

程序代码如下：

```python
import pandas as pd
import os
os.chdir('D:\Python_data')  #设置当前路径
data=pd.read_csv('test1.csv',encoding='gb18030')  #读取文件数据
print('\n读出的文件内容为：\n',data)
```

程序运行结果如图 9.1 所示。

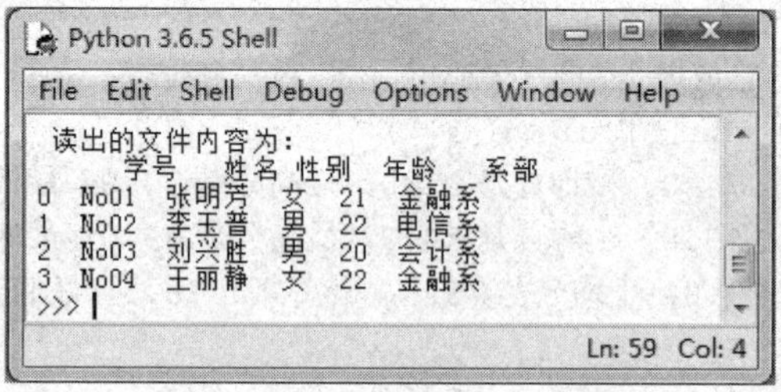

图 9.1　例 9.34 的程序运行结果

2. Excel 文件

Pandas 依赖 xlrd 模块来处理 Excel 文件，因此需要提前安装该模块，安装命令为 "pip install xlrd"。注意：xlrd 1.2.0 之后的版本不支持 xlsx 格式，支持 xls 格式。

Pandas 利用 read_excel()方法读取 Excel 文件数据后返回 DataFrame 对象。

例 9.35　读取 Excel 数据文件示例。

程序代码如下：

```python
import pandas as pd
file='D:\Python_data\stud.xls'
df=pd.read_excel(file)
print('\n读取的 Excel 文件数据为：\n',df)
```

程序运行结果如图 9.2 所示。

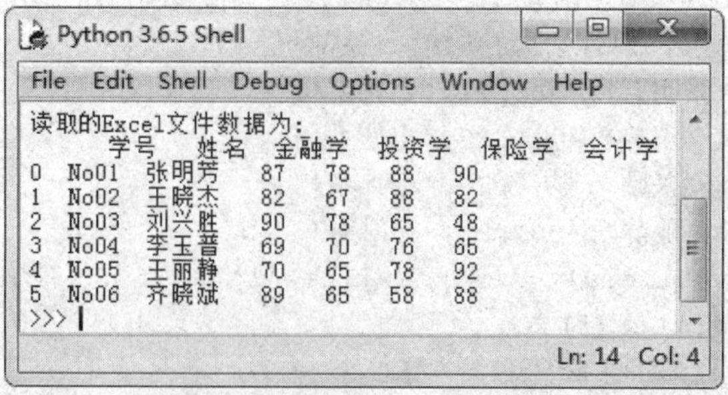

图 9.2　例 9.35 的程序运行结果

如果是将整个 DafaFrame 写入 Excel，则调用 to_excel()方法可实现。

例 9.36　将 DafaFrame 对象数据写入 Excel 文件示例。

程序代码如下：

```
import pandas as pd
head=['学号','姓名','性别','年龄','系部']
data=[[No01,'张明芳','女',20,'金融系'],
     ['No02','王晓杰','女',21,'会计系'],
     ['No03','刘兴胜','男',22,'金融系'],
     ['No04','李玉普','男',22,'会计系'],
     ['']]
df=pd.DataFrame(data,columns=head)
file='D:\Python_data\stud2.xlsx'
df.to_excel(file)
```

9.3　Matplotlib 图表绘制基础

Matplotlib 是 Python 中基于 NumPy 的一套绘图工具包。Matplotlib 提供了一整套在 Python 下实现的纯 Python 第三方库，其风格与 Matlab 相似，同时也继承了 Python 简单明了的优点。Matplotlib 中应用最广泛的是 matplotlib.pyplot 模块。

9.3.1　Matplotlib 常用风格字符设置

Matplotlib 绘图常用的风格字符包括颜色字符、线条字符及标记字符等，如表 9.5～表 9.7 所示。

表 9.5　Matplotlib 绘图常用颜色字符

字符	说明	字符	说明
b	蓝色	m	洋红红色
g	绿色	y	黄色
r	红色	k	黑色
c	青绿色	w	白色
#008000	RGB 某颜色	0.8	灰度值字符串

表 9.6　Matplotlib 绘图常用线条字符

字符	说明	字符	说明
-	实线	-.	电话线
--	破折线	:	虚线

表 9.7 Matplotlib 绘图常用标记字符

字符	说明	字符	说明
o	实心圈标记	x	x 标记
v	倒三角形标记	D	菱形标记
^	上三角形标记	d	瘦菱形标记
+	十字标记	*	星形标记

9.3.2 Matplotlib.pyplot 常用绘图函数

Matplotlib.pyplot 是一个有命令风格的函数集合，各种状态通过函数调用保存起来，以便随时跟踪对象，如当前图像和绘图区域等。利用绘图函数可以绘制图像，如折线图、散点图、柱状图、饼图、直方图等。引入 pyplot 模块的常用语句为"import matplotlib.pyplot as plt"。

1. plot()函数

使用 Matplotlib 提供的 plot()函数能够绘制二维图像，展现变量的变化趋势。plot()函数的语法格式如下：

```
plt.plot(<x>,<y>,<style>,<line_width>,<label>)
```

参数说明如下：

1）x：x 轴上的有效坐标数组。

2）y：y 轴上的有效坐标数组。

3）style：线条风格，可选。由表 9.5～表 9.7 中的颜色字符、线条字符和标记字符组成。

4）line_width：折线图的线条宽度。

5）label：标记图内容的标签文本。

通过 Matplotlib 的函数 plot()绘制的图像存储在内存中，一般需要使用函数 show()在本机显示出来。

例 9.37 绘制直线示例。

程序代码如下：

```
import matplotlib.pyplot as plt
x=[1,2]              #横坐标区域
y=[3,6]              #纵坐标区域
plt.plot(x,y)        #当前绘图对象进行绘图
plt.show()           #结果展示
```

程序运行结果如图 9.3 所示。

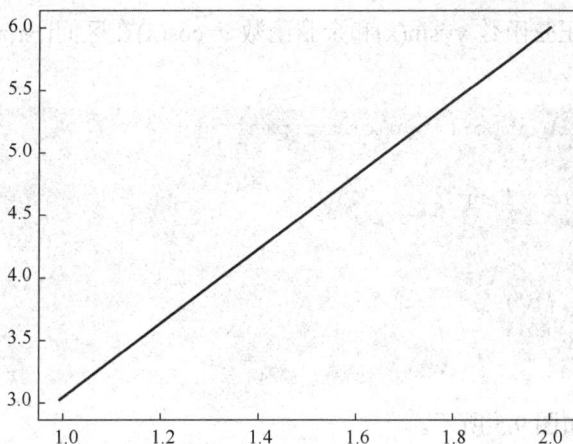

图 9.3　例 9.37 的程序运行结果

例 9.38　天津市宝坻区 2023 年 4 月份第 3 周每天最高气温如表 9.8 所示。

表 9.8　天津市宝坻区 2023 年 4 月份第 3 周每天最高气温

日期	星期日	星期一	星期二	星期三	星期四	星期五	星期六
最高气温/℃	15	20	22	23	20	18	16

绘制该周温度的变化曲线。

程序代码如下：

```
import matplotlib.pyplot as plt
x=[0,1,2,3,4,5,6]
y=[15,20,22,23,20,18,16]
plt.plot(x,y)
plt.show()
```

程序运行结果如图 9.4 所示。

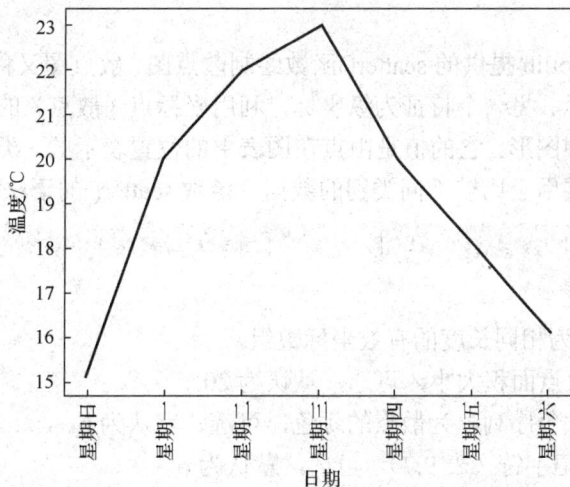

图 9.4　例 9.38 的程序运行结果

例 9.39 绘制正弦函数 y=sin(x)和余弦函数 *y*=cos(x)在区间[-π,π]上的图像。
程序代码如下：

```
from matplotlib import pyplot as plt
import numpy as np
x=np.arange(-np.pi,np.pi,0.01)
y1=np.sin(x)
y2=np.cos(x)
plt.plot(x,y1,'b')
plt.plot(x,y2,'r')
plt.show()
```

程序运行结果如图 9.5 所示。

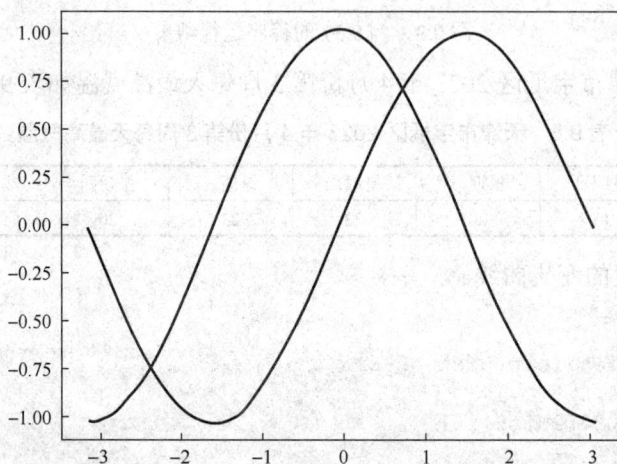

图 9.5　例 9.39 的程序运行结果

2. scatter()函数

可以使用 Matplotlib 提供的 scatter()函数绘制散点图。散点图又称为散点分布图，是以一个特征为横坐标、另一个特征为纵坐标，利用坐标点（散点）的分布形态反映特征间的统计关系的一种图形。它的值是由点在图表中的位置表示的，类别是由图表中的不同标记表示的，通常用于比较不同类别的数据。函数 scatter()的语法格式如下：

```
plt.scatter(<x>,<y>[,s=20][,c='b'][,marker='o'])
```

参数说明如下：

1）x、y：分别为相同长度的有效坐标数组。

2）s：给出的散点面积大小，可选，默认为 20。

3）c：颜色或颜色序列，为散点的颜色，可选，默认为 b。

4）marker：标记字符（表 9.7），可选，默认为 o。

例 9.40　绘制散点图示例。

程序代码如下：

```
import matplotlib.pyplot as plt
import numpy as np
x=np.random.uniform(0,1,100)          #随机生成 200 个 0～1 之间的实数
y=np.random.uniform(0,1,100)          #随机生成 200 个 0～1 之间的实数
size=np.random.uniform(0,1,100)*50    #产生随机数并扩大 50 倍
color=np.random.uniform(0,1,100)
plt.scatter(x,y,size,color)
plt.show()
```

程序运行结果如图 9.6 所示。

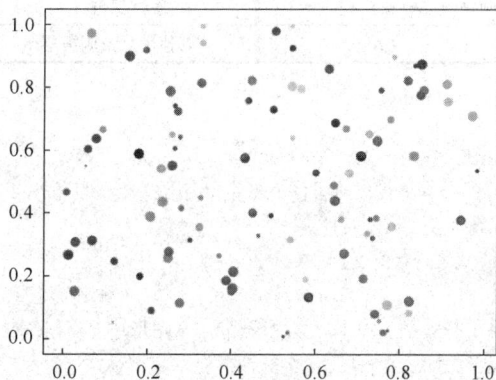

图 9.6　例 9.40 的程序运行结果

3. bar()函数

可以使用 Matplotlib 提供的 bar()函数绘制条形图。条形图是一种以长方形长度为变量表达图形的统计报告图，由一系列高度不等的纵向条纹表示数据分布的情况，用于分析数据内部的分布状态或分散状态，适用于对较小数据集的分析。函数 bar()的语法格式如下：

```
plt.bar(<x>,<height>,label='label_string',width=0.8,bottom=None,color
='b',edgecolor='b', linewidth=None,orientation='vertical')
```

参数说明如下：

1）x：表示每一个条形左侧的横坐标。

2）height：表示每一个条形的高度，它与 x 具有相同长度的有效坐标数组。

3）label：表示图形标签。

4）width：表示条形的宽度，取值为 0～1，默认为 0.8。

5）bottom：表示条形的起始位置。

6）color：表示条形的颜色，取值为 r、b、g 等，默认为 b。

7）edgecolor：表示边框的颜色，取值同上。

8）linewidth：表示边框的宽度，int 型数值，单位是像素，默认为 None。

9）orientation：表示是竖直条还是水平条，取值为 vertical（竖直条）和 horizontal（水平条）。

例 9.41 根据国家统计局发布的 2023 年 1 月份全国居民消费价格分类同比涨幅，如表 9.9 所示，绘制条形图。

表 9.9 2023 年 1 月份全国居民消费价格分类同比涨幅

类别	同比涨幅/%	类别	同比涨幅/%
食品烟酒	4.7	交通通信	2.0
衣着	0.5	教育文化娱乐	2.4
居住	−0.1	医疗保健	0.8
生活用品及服务	1.6	其他用品及服务	3.1

程序代码如下：

```
import matplotlib.pyplot as plt
x_data=['食品\n烟酒','衣着','居住','生活用品\n及服务','交通\n通信','教育文\n化娱乐','医疗\n保健','其他用品\n及服务']
y_data=[4.7,0.5,-0.1,1.6,2.0,2.4,0.8,3.1]
bar_width=0.3
plt.rcParams['font.family']='STSong'   #图形中显示汉字
plt.rcParams['font.size']=10   #图形中显示字号大小
plt.bar(x_data,y_data,color='blue',alpha=0.8,width=bar_width)
plt.plot(['食品\n烟酒','其他用品\n及服务'],[0,0],'r--')   #增加一条参考线
plt.show()
```

程序运行结果如图 9.7 所示。

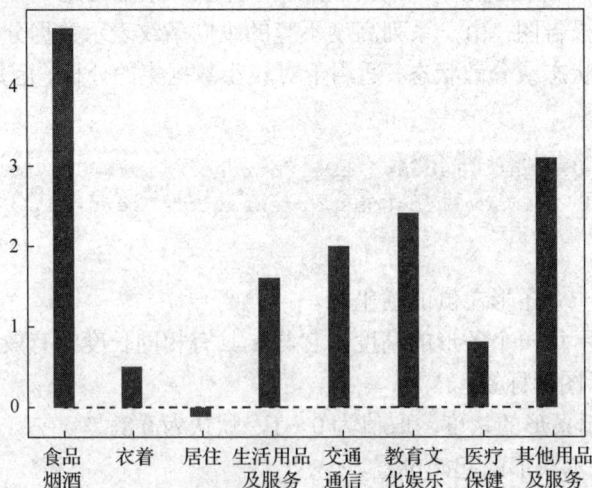

图 9.7 例 9.41 的程序运行结果

利用条形图可以很方便地展示出八大类消费价格同比七涨一降的状况。

4．pie()函数

可以使用 pyplot 模块中的 pie()函数绘制饼图,其功能是沿逆时针方向排列饼图中的饼形或楔形。饼图是将各项的大小与各项总和的比例显示在一张"饼"中,以"饼"的大小来确定每一项的占比。饼图可以比较清楚地反映出部分与部分、部分与整体之间的比例关系,易于显示每组数据相对于总数的大小,而且显现方式直观。pie()函数的语法格式如下:

```
pie(<x>,labels=None,explode=separation_value,colors=('b','g','r','c',
'm','y','k','w'),autopct=None,labeldistance=1.1, pctdistance=0.6, shadow=
False)
```

参数说明如下:

1）x：表示每一块的比例。如果 sum(x)>1,则使用 sum(x)归一化。

2）labels：表示每一块饼图外侧显示的说明文字,如 labels=['苹果','香蕉','橘子','火龙果']。

3）explode：表示每一块离中心的距离。

4）colors：表示每一块显示的颜色。

5）autopct：表示控制饼图内百分比的设置,可以使用 format 字符串或 format function '%8.1f%%'指明小数点前后位数（不需要小数时用空格补齐）。

6）labeldistance：表示 label 绘制的位置,相对于半径的比例。若小于 1,则绘制在饼图内侧。

7）pctdistance：类似于 labeldistance,表示 autopct 的位置刻度,radius 控制饼图的半径。

8）shadow：表示是否设置阴影以增加立体感,如 shadow=True。

例 9.42　制造业采购经理指数（purchasing manager's index,PMI）由 5 个扩散指数（分类指数）加权计算而成。5 个分类指数及其权数是依据其对经济的先行影响程度确定的。具体包括：新订单指数,权数为 30%;生产指数,权数为 25%;从业人员指数,权数为20%;供应商配送时间指数,权数为 15%;原材料库存指数,权数为 10%。请绘制饼图。

程序代码如下:

```
import matplotlib.pyplot as plt
fracs=[30,25,20,15,10]
expl=[0,0.1,0,0,0]
labe=['新订单','生产','从业人员','供应商配送时间','原材料库存']
plt.rcParams['font.family']='STSong'
plt.rcParams['font.size']=12
plt.pie(x=fracs,autopct='%8.1f%%',explode=expl,labels=labe,
shadow=True)
plt.show()
```

程序运行结果如图 9.8 所示。

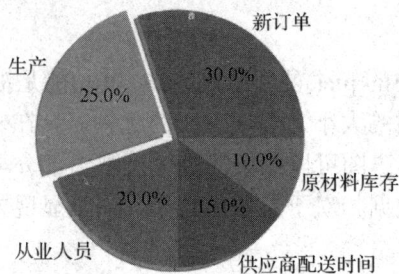

图 9.8　例 9.42 的程序运行结果

9.3.3　Matplotlib 绘制多个子图

Matplotlib 绘制多个子图时，用户可以根据自己的想法排列子图的顺序，也可以生成不同的子图数量。

1. 绘图及修饰

为了使绘制的图表更加通俗易懂及美观，需要在绘制的图表上添加一些修饰，如添加标题、坐标轴名称等。绘图常用的函数如表 9.10 所示。

表 9.10　绘图常用的函数

函数名	功能
plt.title()	在当前图形中添加标题，可以指定标题的名称、位置、颜色、字体大小等参数
plt.xlabel()	在当前图形中添加 x 轴的名称，可以指定位置、颜色、字体大小等参数
plt.ylabel()	在当前图形中添加 y 轴的名称，可以指定位置、颜色、字体大小等参数
plt.xlim()	指定当前图形 x 轴的范围，只能确定一个数值区间，而无法使用字符串标识
plt.ylim()	指定当前图形 y 轴的范围，只能确定一个数值区间，而无法使用字符串标识
plt.xticks()	指定 x 轴刻度的数目与取值
plt.yticks()	指定 y 轴刻度的数目与取值
plt.legend()	指定当前图形的图例，可以指定图例的大小、位置、标签

2. 创建画布与子图

该部分的主要作用是构建一张空白画布，可以选择是否将整个画布划分为多个部分，方便在同一幅图上绘制多个图形。最简单的绘图可以省略第一部分，而后直接在默认的画布上进行图形绘制。创建画布与子图的函数如表 9.11 所示。

表 9.11　创建画布与子图的函数

函数名	功能
figure()	创建一个空白画布，可以指定画布的大小、像素
figure.add_subplot()	创建并选中子图，可以指定子图的行数、列数、与选中图片的编号
subplots_adjus()	调整子图之间的间距，wspace 为调整宽度，hspace 为调整高度

创建子图的常用步骤如下：

第一步，利用函数 plt.figure()创建画布（只绘制一幅图时，可以省略这一步）。

第二步，利用函数 plt.subplot()创建子图，需要传行、列、索引参数。

第三步，利用 axi=plt.subplot(m,n,i)（i=1,2,···,m×n），在画布中创建 m×n 个图形。

第四步，给子图 axi 绘制图形。

第五步，利用 plt.show()展示图片，释放内存。

例 9.43　创建多个子图示例。

程序代码如下：

```
import numpy as np
import matplotlib.pyplot as plt
x1=np.arange(-2,2,0.01)
p1=plt.figure(figsize=(8,4),dpi=80)  #确定画布的大小
ax1=p1.add_subplot(1,2,1)  #创建一个1行2列的子图，并开始绘制第一幅
plt.title('Power Function')
plt.plot(x1,x1**2)
plt.plot(x1,x1**4)
plt.legend(['y=x^2','y=x^4'])
ax2=p1.add_subplot(1,2,2)
plt.title('e^x/log(x)')
x2=np.arange(1,4,0.01)
plt.plot(x2,np.exp(x2))
plt.plot(x2,np.log(x2))
plt.legend(['y=e^x','y=log(x)'])
plt.show()   #显示绘制出的图
```

程序运行结果如图 9.9 所示。

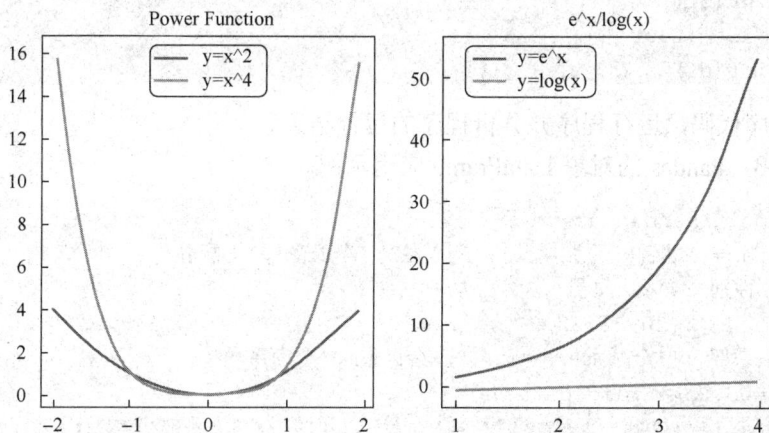

图 9.9　例 9.43 的程序运行结果

9.4 实 验

实验 9.1 数组实验示例。

```
>>> import numpy as np
>>> a=np.arange(1,11,2)
>>> print('a=',a)
>>> print(a.dtype)
>>> print(a.shape)
>>> print(a.size)
>>> b=np.array([[[1,2,3],[4,5,6]],[[7,8,9],[0,1,2]],[[3,4,5],[6,7,8]]])
>>> c=np.zeros((3,4))
>>> print('c=\n',b)
>>> print(c.shape)
>>> print(c.size)
```

阅读程序代码，解释各程序语句的功能；运行程序并分析程序的运行结果。

实验 9.2 Pandas 的对象 Series 和 DataFrame 应用示例。

```
>>> import pandas as pd
>>> data=[10, 11, 12]
>>> index=['a', 'b', 'c']
>>> s=pd.Series(data=data, index=index)
>>> print('s\n',s)
>>> df=pd.DataFrame(np.arange(12).reshape(3,4),columns=list('甲乙丙丁'),
index=["one","two","three"])
>>> del df["甲"]
>>> print(df)
>>> df.loc['four']=[1,2,3]
>>> print(df)
```

阅读程序代码，运行程序并分析程序的运行结果。

实验 9.3 Pandas 的对象 DataFrame 应用示例。

```
>>> import pandas as pd
>>> datas={'姓名':['张明芳','刘兴胜','李玉普','王丽静'],
      '性别':['女','男','男','女'],
      '年龄':[20,21,22,22],
      '系部':['金融系','会计系','会计系','金融系']}
>>> df=pd.DataFrame(datas)
>>> data_1={'姓名':'王力','性别':'男','年龄':19,'系部':'会计系'}
>>> df1=df.append(data_1,ignore_index=True)
>>> df1['籍贯']=['天津市','山西省','山西省','陕西市','河北省']
>>> df1['学号']=['No01','No03','No04','No05','No07']
```

```
>>> print('df1=\n',df1.head(3))
>>> print('df1=\n',df1)
```

阅读程序代码，解释各程序语句的功能；运行程序并分析程序的运行结果。

实验 9.4　有学生成绩文件'D:\data\test.xls'，内容如图 9.10 所示。

	A	B	C	D	E	F
	G10			f_x		
1	学号	姓名	思政	高数	英语	Python
2	No01	张明芳	89	78	77	78
3	No02	王晓杰	90	77	76	90
4	No03	刘兴胜	87	82	65	92
5	No04	李玉普	92	76	88	87

图 9.10　学生成绩文件数据

读取该文件到 DataFrame 对象，对每一名学生求出总分，并添加到最后一列。

程序代码如下：

```
import pandas as pd
file=r'D:\data\test.xls'
df=pd.read_excel(file)
grade=[]
for i in range(0,4):
    s=0
    for j in range(2,6):
        s=s+df.loc[i][j]
    grade.append(s)
df['总分']=grade
print(df)
```

阅读程序代码，解释各程序语句的功能；运行程序并分析程序的运行结果。如果将该 DataFrame 对象写入文件"D:\data\test1.xlsx"，应如何编程实现呢？

实验 9.5　利用 plot()函数，绘制 $y=3x^2+5x+1$ 的图像。

程序代码如下：

```
import matplotlib.pyplot as plt
import numpy as np
x=np.arange(-100,110,10)
y=3*x**2+5*x+1
plt.plot(x,y,'g-.o')
plt.show()
```

阅读程序代码，解释各程序语句的功能；运行程序并分析程序的运行结果。

实验 9.6　绘制散点图实验。

程序代码如下：

```
import matplotlib.pyplot as plt
```

```
import numpy as np
import pandas as pd
x=np.array([2,3,4,5,7,10])
y=np.array([2,7,7,8,8,9])
x1=np.random.randint(10,size=25)
y1=np.random.randint(10,size=25)
plt.scatter(x,y,c='r')
plt.scatter(x1,y1,s=100,c='b',marker='*')
plt.show()
```

阅读程序代码，解释各程序语句的功能；运行程序并分析程序的运行结果。

实验 9.7 2022 年全世界 GDP（亿美元）前十的国家有 USA：254679；China：179927；Japan：42300；Germany：40721；India：33910；UK：30685；France：27813；Russia：22158；Canada：21403；Italy：20104。用饼图展示出来。

程序代码如下：

```
import numpy as np
import matplotlib.pyplot as plt
def draw_pie(labels,quants):
    plt.figure(1, figsize=(6,6))
    expl=[0,0.1,0,0,0,0,0,0,0,0]
    colors=["blue","red","coral","green","yellow","orange"]
    plt.pie(quants, explode=expl, colors=colors, labels=labels, autopct=
'%1.1f%%',pctdistance=0.8, shadow=True)
    plt.title('Top 10 GDP Countries', bbox={'facecolor':'0.8', 'pad':5})
    plt.show()
labels=['USA', 'China', 'Japan','Germany','India','UK','France','Russia',
'Canada','Italy']
quants=[254679,179927,42300,40721,33910,30685,27813,22158,21403,20104]
draw_pie(labels,quants)
```

阅读程序代码，解释各程序语句的功能；运行程序并分析程序的运行结果。

实验 9.8 创建子图实验。

程序代码如下：

```
import numpy as np
import matplotlib.pyplot as plt
x=np.arange(1,100)
plt.subplot(221)
plt.plot(x,x*x)
plt.subplot(222)
plt.scatter(np.arange(0,10), np.random.rand(10))
plt.subplot(223)
plt.pie(x=[15,30,45,10],labels=list('ABCD'),autopct='%.0f',explode=[0,
```

```
0.05,0,0])
  plt.subplot(224)
  plt.bar([20,10,30,25,15],[25,15,35,30,20],color='b')
  plt.show()
```

阅读程序代码，解释各程序语句的功能；运行程序并分析程序的运行结果。

习　题

一、选择题

1. 创建一个 3×3 零矩阵的 Python 语句为（　　）。

　　A．np.mat(np.zeros(3,3))　　　　　　　B．np.mat(np.zeros(3))

　　C．np.mat(np.zeros((3,3)))　　　　　　D．np.mat(np.zeros((3)))

2. 生成一个 0～10 之间的三维随机数组的 Python 语句为（　　）。

　　A．np.random.randint(10,size=(3,3))

　　B．np.random.randint([0,10],size=(3,3))

　　C．np.mat(np.random.randint(10,size=(3,3)))

　　D．np.mat(np.random.randint([0,10],size=(3,3)))

3. Python 语句"np.mat(np.random.randint(2,8,size=(2,5)))"执行后的结果为（　　）。

　　A．生成一个 2～8 之间的二维随机数组

　　B．生成一个 2～5 之间的二维随机数组

　　C．生成一个 2～8 之间共有 2×5 个整数的随机数序列

　　D．生成一个 2～5 之间共有 2×8 个整数的随机数序列

4. 执行下列 Python 语句后，使 a 与 b 进行相应元素相乘的运算是（　　）。

```
import numpy as np
a=np.array ([[12,3],[2,14]])
b=np.array ([[1,1],[0,0]])
```

　　A．np.dot(a,b)　　　B．a×b　　　　　C．a*b　　　　　D．a·b

5. Python 语句"np.random.uniform([1,5],[5,10])"执行后的结果为（　　）。

　　A．生成 1～5 之间和 5～10 之间的二维整型数组

　　B．生成 1～5 之间和 5～10 之间的二维浮点型数组

　　C．生成 1～5 之间和 5～10 之间 2 个整型数的一维数组

　　D．生成 1～5 之间和 5～10 之间 2 个浮点型数的一维数组

6. Pandas 利用 read_excel()方法读取 Excel 文件数据后返回（　　）对象。

　　A．Excel　　　　　　B．DataFrame　　　C．CSV　　　　　D．Series

二、填空题

1. NumPy 是高性能科学计算和_____的基础包。

2．Python 语句"np.random.randint(5,10,size=6)"生成_____之间的 6 个元素的数组。

3．在使用字符串、列表、数组和矩阵的过程中，经常需要相互转换，可以使用_____函数查看对象的类型。

4．执行下列 Python 语句后，输出_____。

```
import numpy as np
arr=np.arange(12).reshape([3,4])
print(arr[::2,1])
```

5．通过_____或属性的方式可以单独获取 DataFrame 的列数据，返回数据类型为 Series。

6．在 DataFrame 下，查询单独的几行数据可以采用 Pandas 提供的_____和 loc()方法实现。

7．在 DataFrame 下，对值进行排序时，无论是升序还是降序，缺失值（NaN）都会排在_____。

8．CSV 是一种通用的文件格式，它可以非常容易地被导入各种 PC 表格及_____中。

三、编程题

1．利用 plot()函数绘制二次函数 $y=2x^2-3x+1$ 在[-2,8.5]的图像。

2．2023 年 11 月，金融 2304 班选班长第一轮投票结果如表 9.12 所示。

表 9.12　第一轮投票结果

候选人	张明芳	王丽静	马克	李丽杰	齐莱丽	卓丽雅
得票率/%	28.5	22.2	21.1	12.3	7.7	8.2

用饼图展现得票结果，并将最高得分显著展示出来。

第 10 章　Python 数据分析案例

Python 有很多优秀的库可用于数据分析，如 Pandas、Numpy 和 Matplotlib 这些以数据为中心的库，它们内置了大量库和一些标准的数据模型，特别是对海量数据的处理，非常的高效和快捷。本章主要针对大学生比较熟悉的"学生成绩"和"超市销售"数据进行分析。

10.1　育才中学 2023 级学生成绩分析

目前高校考试成绩的分析，主要是借助 Excel 等对学生的成绩进行简单的统计，但在数据量较大时，在 Excel 中的操作就会过于烦琐。本节以育才中学 2023 级的 3 个班部分学生的第一学期期末考试部分成绩为例，使用 Python，除进行数据可视化分析实现学生数据的读入、数据统计、排序、分组，以及图形输出平均成绩、不及格人数外，还将分析班级学生知识点的掌握情况。期望能为教师调整教学安排与教学方法提供参考，从而提升教学质量。

10.1.1　学生成绩分析的意义

在当前这个信息时代，因为计算机强大的数据处理能力和网络迅捷便利的传播方式，学生成绩信息的管理、统计和分析已经非常方便。成绩是各大学校教育教学环节中的一项重要指标，是学生学习效果、学习态度的主要体现。对考试成绩的分析，能够使学校检测出最近一段时间之内学生的学习情况、学习态度，还能很大程度地反映出教师的教学质量、治学态度和教学方法的科学性，以及学校对学生的教学管理水平。在对考试成绩进行数据分析和评价后，充分发挥它的反馈作用，以此加强教学管理，改进教学方法，提高教学质量。同时也能够指导考试的命题工作，提高考试检测质量，还能够加强学校的题库建设。

10.1.2　学生成绩数据源

1. 数据源展示

数据源存储在文件"D:/Python_data/ CDNOW_master.txt"中，这是一个简单的期末考试成绩数据集，包含 8 个字段：学号（9 位，第 1～6 位表示班级号，最后 3 位表示班级的顺序号）、姓名、性别、语文、数学、英语、信息技术、体育。

例 10.1　查看数据源的原始数据。

程序代码如下：

```
import pandas as pd
import os
os.chdir('D:/Python_data')
data=pd.read_excel('stu_score.xls')
pd.set_option('display.unicode.east_asian_width', True)
#显示的中文列标题与数据对齐
print(data)
```

程序运行结果如图 10.1 所示。

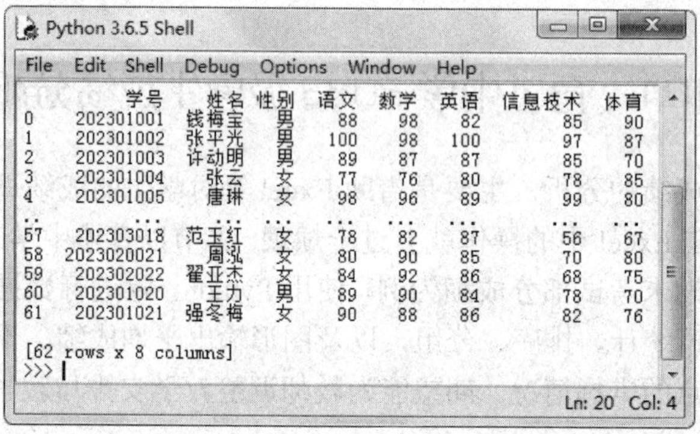

图 10.1　例 10.1 的程序运行结果

2. 成绩统计

该部分对 2023 级学生的平均分、最高分和最低分进行统计。

例 10.2　求出各门课程成绩的平均分。

程序代码如下：

```
import pandas as pd
import os
os.chdir('D:/Python_data')
df=pd.read_excel('stu_score.xls')
stu_sum=df['学号'].count()
df_score=df[['语文','数学','英语','信息技术','体育']]
stu_mean=df_score.mean()
print('\n共有人数:',stu_sum)
print('\n每门课平均分数:\n',stu_mean)
```

程序运行结果如图 10.2 所示。

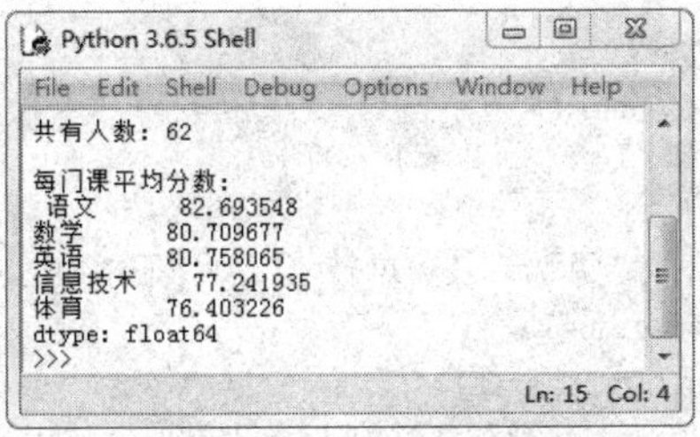

图 10.2　例 10.2 的程序运行结果

例 10.3　求出各门课程成绩的最高分和最低分。

程序代码如下：

```
import pandas as pd
import os
os.chdir('D:/Python_data')
df=pd.read_excel('stu_score.xls')
stu_sum=df['学号'].count()
df_score=df[['语文','数学','英语','信息技术','体育']]
score_max=df_score.max()
score_min=df_score.min()
print('\n 每门课程的最高分:\n',score_max)
print('\n 每门课程的最低分:\n',score_min)
```

程序运行结果如图 10.3 所示。

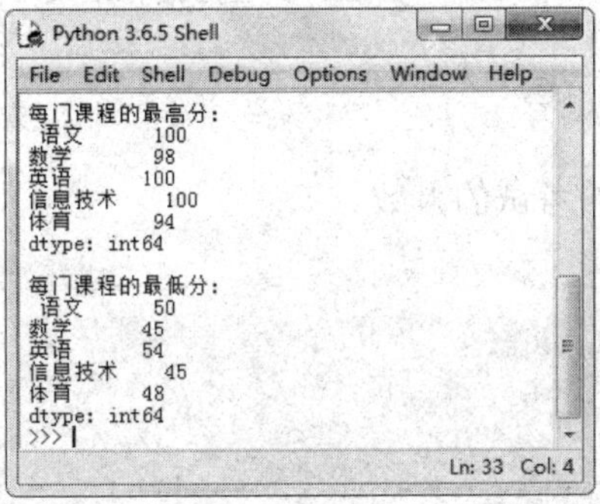

图 10.3　例 10.3 的程序运行结果

例 10.4　为了便于讨论问题，在成绩表中加入每名学生的班级、总分和平均分 3 列，并存储到文件"D:\Python_data\stu_score_class.xlsx"中。

程序代码如下：

```
import pandas as pd
import os
os.chdir('D:/Python_data')
df=pd.read_excel('stu_score.xls')
df_1=df['学号']
```

```
class_v=['']*len(df_1)
for i in range(len(df_1)):
    class_v[i]=str(df_1[i])[2:6]
df['班级']=class_v
df_2=df[['数学','语文','英语','信息技术','体育']]
df['总分']=df_2.sum(axis=1)
df['平均分']=df_2.mean(axis=1)
df_3=df[['学号','姓名','班级','性别','数学','语文','英语','信息技术','体育','总分','平均分']]
pd.set_option('display.unicode.east_asian_width', True)
print(df_3)
file='D:\Python_data\stu_score_class.xlsx'
df.to_excel(file)
```

程序运行结果如图 10.4 所示。

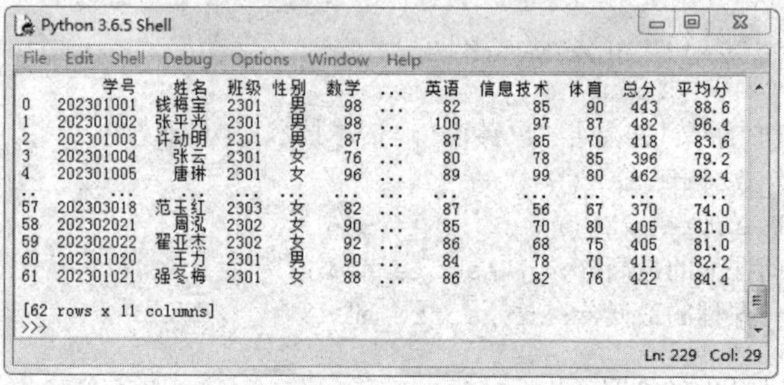

图 10.4　例 10.4 的程序运行结果

10.1.3　学生成绩数据处理

例 10.5　统计各班参加考试的人数。

程序代码如下：

```
import pandas as pd
import os
os.chdir('D:/Python_data')
df=pd.read_excel('stu_score_class.xlsx')
df_groups=df.groupby('班级')
for name,value in df_groups.size().items():
    print(str(name)+'班，参加考试的人数为：'+str(value))
```

程序运行结果如图 10.5 所示。

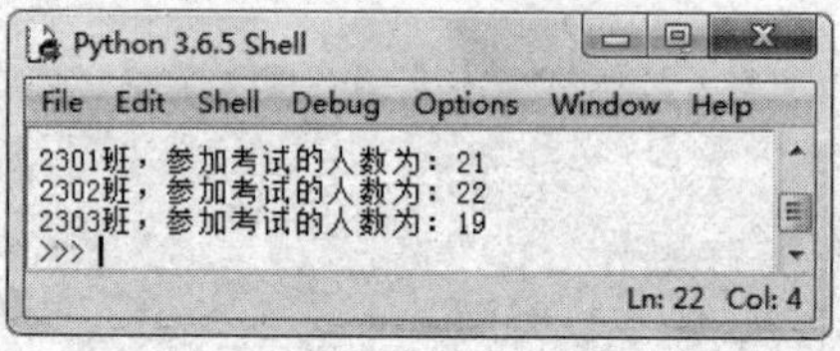

图 10.5　例 10.5 的程序运行结果

通过数据统计分析，可以得到各班级参加考试的人数。

例 10.6　统计各班成绩的平均分或最高分、最低分等数据。

程序代码如下：

```python
import pandas as pd
import numpy as np
import os
os.chdir('D:/Python_data')
df=pd.read_excel('stu_score_class.xlsx')
df_groups=df.groupby('班级')
df_se=np.zeros((5,4))
print('\n-------------------- 按班级统计信息------------------------')
class_no=2201
for name,group in df_groups:
    print(str(class_no)+'班统计信息：')
    df_se[0]=group['语文'].agg(['mean','max','min','std'])
    df_se[1]=group['数学'].agg(['mean','max','min','std'])
    df_se[2]=group['英语'].agg(['mean','max','min','std'])
    df_se[3]=group['信息技术'].agg(['mean','max','min','std'])
    df_se[4]=group['体育'].agg(['mean','max','min','std'])
    column=['平均分','最高分','最低分','标准差']
    inde=['语文','数学','英语','信息技术','体育']
    df_data=pd.DataFrame(df_se,index=inde,columns=column)
    pd.set_option('display.unicode.east_asian_width', True)
    print(df_data)
    class_no=class_no+1
```

程序运行结果如图 10.6 所示。

图 10.6　例 10.6 的程序运行结果

通过数据统计分析，可以得到各班级各门课程的平均分、最高分和最低分，以及它们的标准差。

例 10.7 记录按总分成绩排序。

程序代码如下：

```
import pandas as pd
import os
os.chdir('D:/Python_data')
df=pd.read_excel('stu_score_class.xlsx')
df_total=df.sort_values(by='总分',ascending=False)
pd.set_option('display.unicode.east_asian_width', True)
print()
print(df_total)
```

程序运行结果如图 10.7 所示。

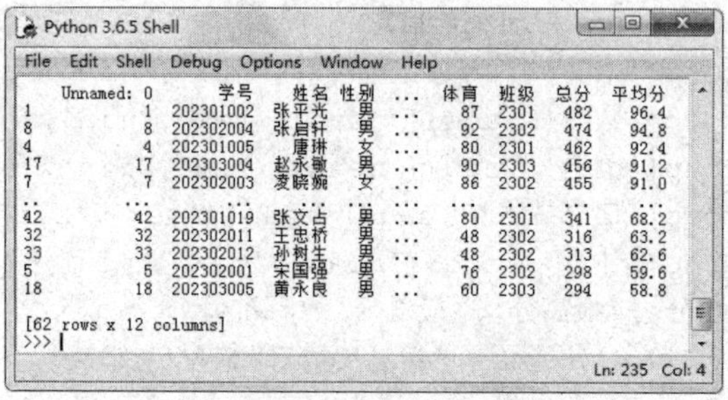

图 10.7 例 10.7 的程序运行结果

通过年级学生排名，可以了解全校学生的统一状况。

例 10.8 各班按总成绩由高到低排序。

程序代码如下：

```
import pandas as pd
import os
os.chdir('D:/Python_data')
df=pd.read_excel('stu_score_class.xlsx')
df_1=df[df['班级']==2301]
df_2=df[df['班级']==2302]
df_3=df[df['班级']==2303]
df_11=df_1.sort_values(by='总分',ascending=False)
df_22=df_2.sort_values(by='总分',ascending=False)
df_33=df_3.sort_values(by='总分',ascending=False)
pd.set_option('display.unicode.east_asian_width', True)
print('\n2301班按总分排序如下：\n',df_11)
print('\n2302班按总分排序如下：\n',df_22)
print('\n2303班按总分排序如下：\n',df_33)
```

程序运行后展现各班按总分降序的学生记录排列。

通过排序输出后，得到每个班的学生的名次，对于班级择优时可以优先考虑。同时学生也可以了解自己的学习情况，开阔自己的视野。

10.1.4　学生成绩的可视化

例 10.9　显示总分在区间为 50 分区间间隔内的学生人数的条形图。

程序代码如下：

```python
import pandas as pd
import matplotlib.pyplot as plt
import os
os.chdir('D:/Python_data')
df=pd.read_excel('stu_score_class.xlsx')
df_ss=[]
step=50
sum_score=250
x=0
pd.set_option('display.unicode.east_asian_width', True)
while sum_score<=450:
    df_1=df[(df['总分']>=sum_score) & (df['总分']<sum_score+step)]
    #每个区间的行列表
    df_ss.append(df_1.shape[0]) #每个区间的行数
    sum_score=sum_score+step
x_data=['250-300','300-350','350-400','400-450','450-500']
plt.bar(x_data,df_ss,color='red',alpha=0.8,width=0.4)
for a,b in zip(x_data,df_ss):  #柱子上的数字显示
    plt.text(a,b,'%.0f'%b,ha='center',va='bottom',fontsize=10);
plt.show()
```

程序运行结果如图 10.8 所示。

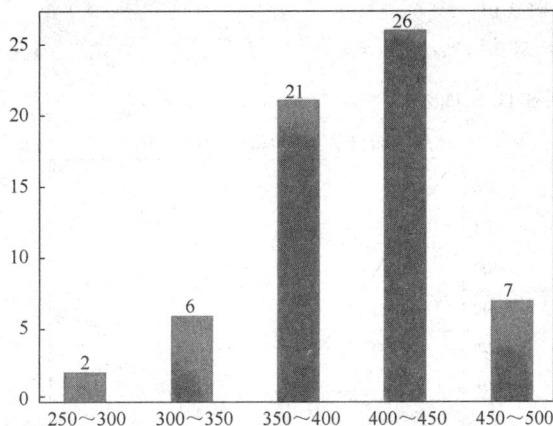

图 10.8　例 10.9 的程序运行结果

从图 10.8 中可以看到，总分在 250～300 分之间的学生有 2 人，总分在 300～350 分之间的学生有 6 人，总分在 350～400 分之间的学生有 21 人，总分在 400～450 分之

间的学生有 26 人，总分在 450～500 分之间的学生有 7 人，该班级学生的成绩分布较为均匀，符合正态分布的规律，其中总分在 350～450 分之间的学生有 47 人。在以后的课程学习中鼓励他们继续保持，在后续的课题讲解中也可以尝试发散讲解，拓展学生学习的知识面。

例 10.10 将各班学生总分的平均成绩使用折线图展示出来。

程序代码如下：

```python
import pandas as pd
import matplotlib.pyplot as plt
import os
os.chdir('D:/Python_data')
df=pd.read_excel('stu_score_class.xlsx')
df_1=df[df['班级']==2301]
df_2=df[df['班级']==2302]
df_3=df[df['班级']==2303]
df_11=df_1['总分'].mean()
df_22=df_2['总分'].mean()
df_33=df_3['总分'].mean()
mean_score=[]
mean_score.append(round(df_11,2));mean_score.append(round(df_22,2));
mean_score.append(round(df_33,2))
print(mean_score)
x_data=['2301班','2302班','2303班']
plt.rcParams['font.family']='STSong'  #图形中显示汉字
plt.rcParams['font.size']=10  #图形中显示字号大小
plt.title('各班级学生平均总分成绩对比图')
plt.plot(x_data,mean_score)
plt.xlabel('班级')
plt.ylabel('平均分')
plt.show()
```

程序运行结果如图 10.9 所示。

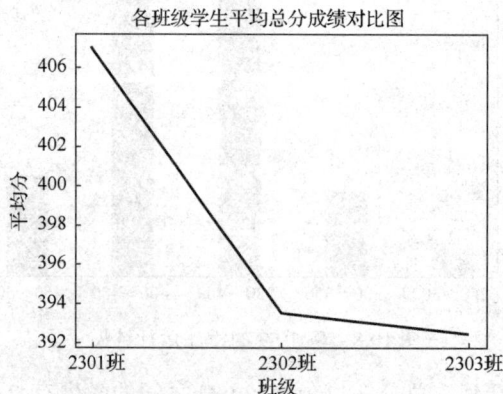

图 10.9 例 10.10 的程序运行结果

各班总分的平均值基本上可以代表该班学生的学习情况。由图 10.9 可以看出，2301 班学生的学习情况优于 2302 班，2302 班学生的学习情况优于 2303 班。

10.2 宏达超市销售数据分析

随着我国经济的高速发展，人们生活水平的提高，超市在社会中的普及范围越来越广，极大地方便了人们的生活和工作的同时快速地促进了我国社会经济的发展，尤其是近年来的各类大型超市在城市中所占的比例越来越高，其中不乏国外的一些大型超市企业入驻我国，但正因为国内外超市在我国所占的比例和数量在不断地增加，导致目前我国超市行业的竞争程度日益激烈：顾客在各超市的选择上有了对比，有了更多的选择，导致各超市的利润空间不断被压缩，为了在激烈的社会竞争环境下获得更好的发展，目前超市的运营模式从货物的采购、运输、管理、营销、服务等方面进行了创新和完善，期望从销售数据方面发现一些有用的信息，利用这些信息来提高超市的销量。

10.2.1 课题研究的背景和意义

随着信息技术的不断进步和计算机的不断普及，人们所收集和积累的数据急剧增加。在海量的数据中提取有用的信息、发现隐含的规则，成为人们研究的重点。该实训项目是以往某大型超市的销售数据，期望从中发现数据中的一些相关信息，利用商品之间的关联关系合理地设置货架摆放、合理地进行商品捆绑销售，以及对竞争商品进行合理的促销，从而提高超市的销售量，使超市能够良性发展。

由于超市所面对的竞争环境越来越严峻，很多超市的管理人员和决策人员逐渐地认识到超市在信息时代要想获得更好的发展空间，数据支持是一项必不可少的手段，尤其是近 10 年来商品条码技术、收银系统等在超市中的广泛运用，这不仅为超市企业积累了大量的销售及库存等方面的数据，还为超市的数据分析提供了庞大的数据资源。由于以往超市很少对这些数据资源进行完整的分析和应用，因此超市在进货时选择的类型、数量、厂家等都有一定的盲目性，同时对顾客的购买行为、购买趋势，以及客户的关系没有进行透彻分析和研究，导致这些方面都缺乏较为科学的数据支持，这对提高超市核心竞争力和超市以后的发展极为不利。当人们逐渐认识到数据支持对超市发展的作用和意义时，他们也意识到在 21 世纪信息时代要想在激烈的竞争中占据有利的地位，得到最大的利润，就必须要充分地利用好网络计算机信息技术、数据技术等，更深层次地去挖掘和分析以往的所有数据及相关的数据的关系，从中提取对超市发展有利的核心决策数据，再根据决策数据制定出相应的决策，最终使超市能够可持续地发展。

10.2.2 数据源及数据理解

数据源存储在文件"D:/Python_data/CDNOW_master.txt"中，这是一个简单的销售数据集，只包含 4 个字段：用户编号、购买日期、购买产品数量、订单消费金额。

例 10.11 数据集展示。

程序代码如下：

```python
import pandas as pd
import os
os.chdir('D:/Python_data') #改变当前路径
columns=['用户编号', '购买日期', '购买产品数量', '订单消费金额']
df=pd.read_table('CDNOW_master.txt', names=columns, sep='\s+')
pd.set_option('display.unicode.east_asian_width', True)
print(df)
```

程序运行结果如图 10.10 所示。

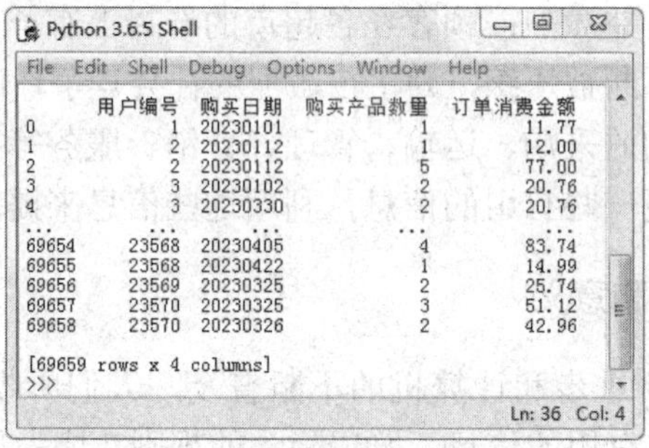

图 10.10　例 10.11 的程序运行结果

例 10.12 查看数据类型信息。

```python
import pandas as pd
import os
os.chdir('D:/Python_data')
columns=['用户编号', '购买日期', '购买产品数量', '订单消费金额']
df=pd.read_table('CDNOW_master.txt', names=columns, sep='\s+')
pd.set_option('display.unicode.east_asian_width',True)
print('\n',df.head())
print(df.info())
```

程序运行结果如图 10.11 所示。

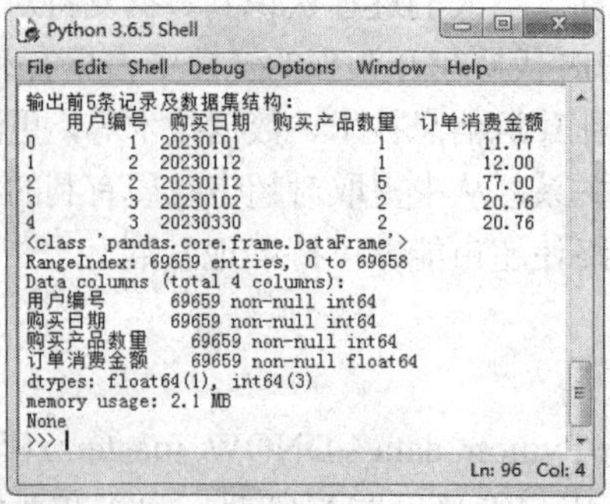

图 10.11　例 10.12 的程序运行结果

查看数据类型信息，观察数据是否被正确识别，可以看出购买日期被识别为整型。

10.2.3　数据清洗

数据集较简单，这里只将购买日期转换为日期时间类型。

例 10.13　将购买日期转换为日期时间类型。

程序代码如下：

```
import pandas as pd
import os
os.chdir('D:/python_data')
columns=['用户编号', '购买日期', '购买产品数量', '订单消费金额']
df=pd.read_table('CDNOW_master.txt', names=columns, sep='\s+')
df.购买日期=pd.to_datetime(df.购买日期, format='%Y%m%d')
print(df.info())
```

程序运行结果如图 10.12 所示。

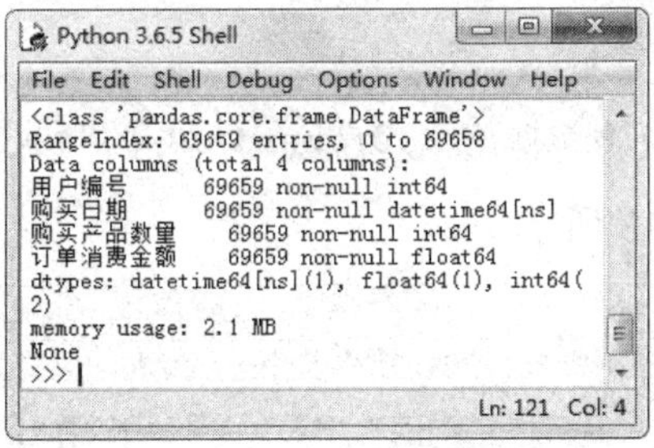

图 10.12　例 10.13 的程序运行结果

可以看出，已经把字段"购买日期"的整数类型修改成了日期时间类型。

10.2.4　客户月消费趋势分析

可以利用客户月消费额对客户进行分类。

例 10.14　新增一个月份字段，将数据写入文件"D:/python_data/ Supermarket_sales.xlsx"中。

程序代码如下：

```
import pandas as pd
from datetime import datetime
import os
os.chdir('D:/python_data/')
columns=['用户编号', '购买日期', '购买产品数量', '订单消费金额']
df=pd.read_table('CDNW_master.txt', names=columns, sep='\s+')
yy=df.购买日期.values
yy_date=[]  #月份共6位，其中年份（4位）+月份（2位）
for i in range(len(yy)):
```

```
    yy_str=str(yy[i])
    yy_dt=yy_str[0:6]
    yy_date.append(yy_dt)
df['月份']=yy_date
df.购买日期=pd.to_datetime(df.购买日期, format='%Y%m%d')
#将购买日期的数值型转换为日期型
file='Supermarket_sales.xlsx'
df.to_excel(file)
```

例 10.15 获得文件"D:/python_data/ Supermarket_sales.xlsx"中的数据,并展现前 10 行。

程序代码如下:

```
import pandas as pd
import os
os.chdir('D:/Python_data')
file='Supermarket_sales.xlsx'
df=pd.read_excel(file)
pd.set_option('display.unicode.east_asian_width', True)
print('\n 获得 Excel 文件数据:\n',df.head(10))
```

程序运行结果如图 10.13 所示。

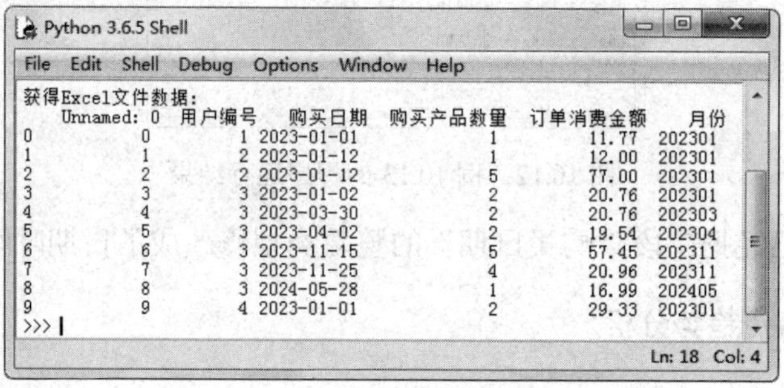

图 10.13 例 10.15 的程序运行结果

可以看到"月份"字段值精确到了月份,共 6 位。前 4 位是年份,后两位是月份。

例 10.16 汇总每月的消费总金额。

程序代码如下:

```
import pandas as pd
import os
os.chdir('D:/python_data')
file='Supermarket_sales.xlsx'
df=pd.read_excel(file)
grouped_month=df.groupby('月份')
order_amount_month=grouped_month.订单消费金额.sum()
print('\n',order_amount_month)
```

程序运行结果如图 10.14 所示。

图 10.14 例 10.16 的程序运行结果

可以看到每月的消费总金额。

例 10.17 月消费总金额的可视化。

程序代码如下：

```python
import pandas as pd
import matplotlib.pyplot as plt
import os
os.chdir('D:/Python_data')
file='Supermarket_sales.xlsx'
df=pd.read_excel(file)
grouped_month=df.groupby('月份')
order_amount_month=grouped_month.订单消费金额.sum()
plt.rcParams['font.sans-serif']=['SimHei']
plt.rcParams['axes.unicode_minus']=False
month=df.groupby(df['月份'],as_index=False).first()
X=month['月份']
X1=[]
for i in range(len(X)):
    X1.append(str(X[i]))
plt.plot(X1,order_amount_month,ls='-')
plt.xlabel('月份',fontsize=8)
plt.ylabel('月消费总金额',fontsize=8)
plt.title('每月消费总金额可视化',fontsize=12)
plt.xticks(rotation=90)
plt.show()
```

程序运行结果如图 10.15 所示。

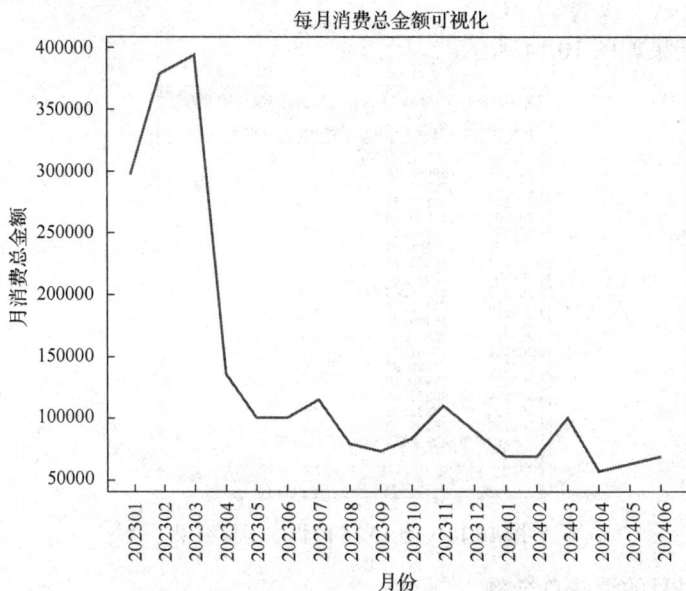

图 10.15　例 10.17 的程序运行结果

可以看出，消费总金额在前 3 个月达到最高峰，之后急剧下降，2023 年 4 月之后每月消费金额比较平稳，有轻微下降趋势。

10.2.5　每月某些消费指标

对每月的月订单总数、月购买产品数、月消费人数进行可视化展示。

例 10.18　每月某些消费指标的可视化。

程序代码如下：

```python
import pandas as pd
import matplotlib.pyplot as plt
import os
os.chdir('D:/Python_data')
file='Supermarket_sales.xlsx'
df=pd.read_excel(file)
grouped_month=df.groupby('月份')
Y1=grouped_month.用户编号.count()
Y2=grouped_month.购买产品数量.sum()
Y3=grouped_month.用户编号.nunique()
plt.rcParams['font.sans-serif']=['SimHei']
plt.rcParams['axes.unicode_minus']=False
month=df.groupby(df['月份'],as_index=False).first()
X=month['月份']
X1=[]
for i in range(len(X)):
    X1.append(str(X[i]))
```

```
plt.plot(X1,Y1,ls='-',lw=2, label="月订单总数")
plt.plot(X1,Y2,ls='-',lw=2, label="月购买产品数")
plt.plot(X1,Y3,ls='-',lw=2, label="月消费人数")
plt.title('每月某些指标的可视化',fontsize=12)
plt.legend()
plt.xticks(rotation=90)
plt.show()
```

程序运行结果如图 10.16 所示。

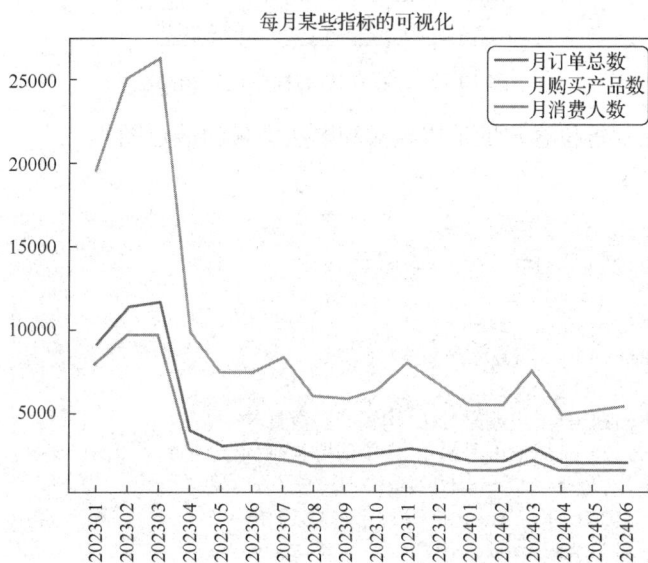

图 10.16　例 10.18 的程序运行结果

可以看出，月订单总数、月购买产品数、月消费人数和月消费金额的趋势基本上一样。

10.2.6　客户个体消费分析

例 10.19　每位客户的购买产品数量和消费金额统计。

程序代码如下：

```
import pandas as pd
import os
os.chdir('D:/Python_data')
file='Supermarket_sales.xlsx'
df=pd.read_excel(file)
grouped_user=df.groupby('用户编号')
Y1=grouped_user.sum().describe()['购买产品数量']
Y2=grouped_user.sum().describe()['订单消费金额']
print('\n 客户购买产品数量和消费金额统计：\n',Y1,Y2)
```

程序运行结果如图 10.17 所示。

图 10.17 例 10.19 的程序运行结果

例 10.20 绘制每位客户的消费金额和购买数量的散点图。
程序代码如下：

```
import pandas as pd
import matplotlib.pyplot as plt
import os
os.chdir('D:/python_data')
file='Supermarket_sales.xlsx'
df=pd.read_excel(file)
X=df.groupby(by='用户编号')['购买产品数量'].sum()
Y=df.groupby(by='用户编号')['订单消费金额'].sum()
plt.scatter(X,Y,s=15,c='b',marker='o')
plt.rcParams['font.sans-serif']=['SimHei']
plt.rcParams['axes.unicode_minus']=False
plt.xlabel('购买数量（1000以内）',fontsize=10)
plt.ylabel('消费金额',fontsize=10)
plt.title('每位客户消费金额和购买数量散点图',fontsize=12)
plt.show()
```

程序运行结果如图 10.18 所示。

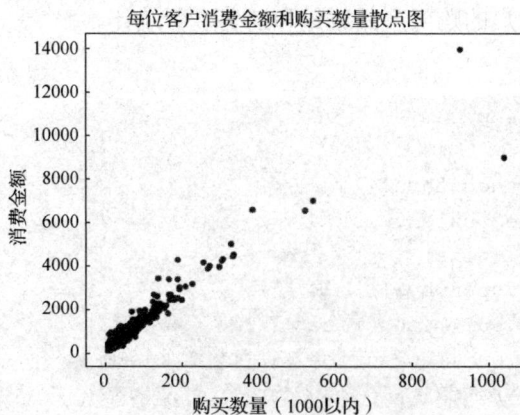

图 10.18 例 10.20 的程序运行结果

可以看出每位客户消费金额和购买数量的关系呈线性关系。

通过以上对 2023 年 1 月到 2024 年 6 月的数据分析，对客户消费情况有了大致的了解。当然随着学习的深入，还可以对每位客户的消费情况、某些消费指标之间的相关性进行分析，并建立预测模型、进行评价等讨论。

10.3　实　　验

本节将使用 Python 来生成随机漫步数据，再使用 matplotlib 以引人瞩目的方式将这些数据呈现出来。随机漫步行走得到的路径指的是：每次行走完全是随机的，没有明确的方向，结果是由一系列随机决策决定的。类似蚂蚁在晕头转向的情况下，每次都沿随机的方向前行所经过的路径。

在自然界、物理学、生物学、化学和经济领域，随机漫步都有其实际用途。例如，漂浮在水滴上的花粉因不断受到水分子的挤压而在水面上移动。水滴中的分子运动是随机的，因此花粉在水面上的运动路径犹如随机漫步。

实验 10.1　创建 random_walk.py 文件中的 RandWalk 类。

为了模拟随机漫步，我们在 random_walk.py 文件中创建一个名为 RandWalk 的类，它随机地选择前进方向。这个类需要 3 个属性，其中一个是存储随机漫步次数的变量，其他两个是列表，分别存储随机漫步经过的每个点的 x 坐标和 y 坐标。

RandWalk 类只包含两个自定义函数：init() 和 fill_walk()，其中后者计算随机漫步经过的所有点。

程序代码如下：

```
from random import choice
class RandWalk():
    #一个生成随机漫步数据的类
    def _init_(self, num_points=500):
        #初始化随机漫步的属性
        self.num_points=num_points
        #所有随机漫步都始于(0,0)
        self.x_values=[0]
        self.y_values=[0]
```

在 random_walk.py 文件中创建 fill_walk() 函数。

我们使用 fill_walk() 函数来生成漫步包含的点，并决定每次漫步的方向。

程序代码如下：

```
def fill_walk(self):
    #不断漫步，直到列表达到指定的长度
    while len(self.x_values)<self.num_points:
        #决定前进方向及沿这个方向前进的距离
```

```
    x_direction=choice([1,-1])
    x_distance=choice([0,1,2,3,4])
    x_step=x_direction*x_distance
    y_direction=choice([1,-1])
    y_distance =choice([0,1,2,3,4])
    y_step=y_direction*y_distance
    #拒绝原地踏步
    if x_step==0 and y_step==0:
        continue
    #计算下一个点的x坐标和y坐标
    next_x=self.x_values[-1]+x_step
    next_y=self.y_values[-1]+y_step
    self.x_values.append(next_x)
    self.y_values.append(next_y)
```

新建 **rw_visual.py** 文件，以绘制随机漫步图。

程序代码如下：

```
import matplotlib.pyplot as plt
from random_walk import RandWalk
#创建一个RandWalk实例，并将其包含的点都绘制出来
while True
    rw=RandWalk()
    rw.fill_walk()
    plt.scatter(rw.x_value, rw.y_value, s=20)
    plt.show()
    keep_running=input('Make another walk?(y/n):')
    if keep_running=='n'
        break
```

程序运行结果如图 10.19 所示。

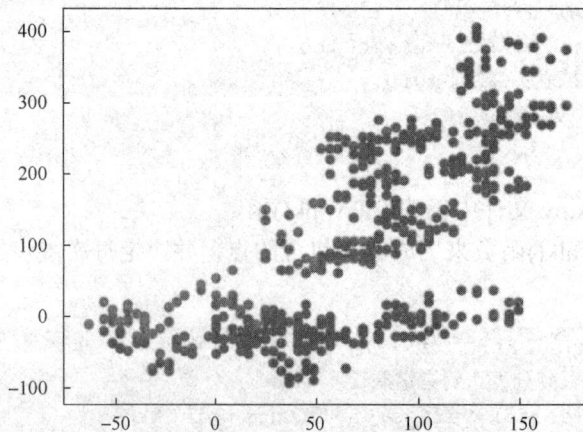

图 10.19　程序运行结果

习　题

现有数据文件"D:/python_data/bank_data.csv"，请按照本章数据分析的方法分析该数据集。

参 考 文 献

董付国，2022. Python 程序设计实验指导书[M]. 北京：清华大学出版社.

董付国，2023. Python 程序设计基础（微课版·公共课版·在线学习软件版）[M]. 3 版. 北京：清华大学出版社.

李东方，2023. Python 程序设计基础[M]. 3 版. 北京：电子工业出版社.

李光夏，2022. Python 程序设计[M]. 西安：西安电子科技大学出版社.

明日科技，2018. Python 从入门到精通[M]. 北京：清华大学出版社.

王科飞，黄贵良，孟雪梅，等，2023. Python 应用与实战[M]. 3 版. 北京：电子工业出版社.

王霞，王书芹，2021. Python 程序设计（思政版）[M]. 北京：清华大学出版社.

王煜林，王金恒，刘卓华，等，2023. Python 程序设计（微课视频版）[M]. 北京：清华大学出版社.

杨旭，张学义，单家凌，2019. Python 语言程序设计基础（微课版）[M]. 成都：电子科技大学出版社.

袁国铭，2023. Python 程序设计与案例解析[M]. 北京：清华大学出版社.

张勇，唐颖军，陈爱国，等，2023. Python 程序设计——基础入门、数据分析及网络爬虫（微课视频版）[M]. 北京：清华大学出版社.

周元哲，2019. Python 3 程序设计基础[M]. 北京：机械工业出版社.

ERIC M，2016. Python 编程：从入门到实践[M]. 袁国忠，译. 北京：人民邮电出版社.